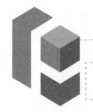

职业教育**新形态**规划教材

国家级教学资源库配套教材

数控车铣加工
职业技能实训教程

SHUKONG CHEXI JIAGONG
ZHIYE JINENG SHIXUN JIAOCHENG

宋福林　张加锋　主编

U0230345

化学工业出版社

·北京·

内 容 简 介

　　《数控车铣加工职业技能实训教程》包括数控车床加工技能实训、数控铣床加工技能实训和数控车铣综合加工技能实训三个学习情境，每个学习情境又根据相应岗位职业能力需求，划分为数控机床操作基础模块、岗位基础技能模块、岗位核心技能模块和岗位扩展技能模块，共23个学习任务。书中采用活页式教材形式，配套丰富的数字资源，内容紧密对接教育部发布的"1＋X"数控车铣加工职业技能等级标准，编排上贯彻以项目为引领、以任务驱动、以技能训练为中心，突出实践动手能力的培养，每个任务内容包含工作任务卡、引导问题、知识链接、制订工作计划、执行工作计划、考核与评价、总结与提高7个教学内容，形成了一个闭环的学习生态。为方便教学，配套电子课件，可到QQ群410301985下载。

　　《数控车铣加工职业技能实训教程》可作为高职高专院校、职业本科院校、中等职业学校相关专业学生的教材，也可作为各种数控职业培训的培训教材。

图书在版编目（CIP）数据

　　数控车铣加工职业技能实训教程/宋福林，张加锋主编. —北京：化学工业出版社，2021.7（2022.5重印）
　　职业教育新形态规划教材
　　ISBN 978-7-122-39067-7

　　Ⅰ.①数… Ⅱ.①宋… ②张… Ⅲ.①数控机床-车床-加工工艺-职业教育-教材②数控机床-铣床-加工工艺-职业教育-教材 Ⅳ.①TG519.1②TG547

　　中国版本图书馆CIP数据核字（2021）第080941号

责任编辑：韩庆利　朱　理　　　　　　　　　装帧设计：王晓宇
责任校对：宋　夏

出版发行：化学工业出版社（北京市东城区青年湖南街13号　邮政编码100011）
印　　装：中煤（北京）印务有限公司
787mm×1092mm　1/16　印张16½　字数430千字　2022年5月北京第1版第2次印刷

购书咨询：010-64518888　　　　　　　　售后服务：010-64518899
网　　址：http://www.cip.com.cn
凡购买本书，如有缺损质量问题，本社销售中心负责调换。

定　　价：55.00元

　　本书教学内容紧密对接教育部发布的"1+X"数控车铣加工职业技能等级标准，将教材的内容分为数控车床加工技能实训、数控铣床加工技能实训和数控车铣综合加工技能实训三个学习情境，每个学习情境又根据相应岗位职业能力需求，划分为数控机床操作基础模块、岗位基础技能模块、岗位核心技能模块和岗位扩展技能模块，共23个学习任务。

　　本书重点突出以任务驱动，以工作手册和任务工卡的形式安排学习任务，每一个项目都有新的技能点，每个任务中涉及的知识点，教材都采用零件的生产工作过程指引操作步骤，使学习者能够快速有效自学及理解。突出课程思政的地位，重点培养学习者的工匠精神、提高学习者职业素养及数控设备维护与保养意识等方面的内容。

　　本书采用活页式教材形式，内容编排上贯彻以项目为引领、以任务驱动、以技能训练为中心，突出实践动手能力的培养，每个任务内容包含工作任务卡、引导问题、知识链接、制订工作计划、执行工作计划、考核与评价、总结与提高7个教学内容，形成了一个闭环的学习生态。每次学习都需要学习者根据工作任务卡及相关的知识链接来制订相应的工作计划，在执行计划的过程中本书提供相关视频资源给学习者相应的操作示范与指导，并由教师和学习者共同对学习成果进行考核与评价，最后学习者分为若干个小组进行讨论并和教师一起总结和提高。让学生形成清晰的知识理论框架，促进知识的进一步深化。

　　本书由宋福林、张加锋主编，陈恩雄、王成新、许爱军任副主编，王建平、何幸保、余伟参编。本书编写人员均有丰富的实践教学经验和高超的技能水平，有全国技术能手2名、湖南省技术能手3名，有着指导学生技能竞赛的丰富经验，并特别邀请中国航空工业长沙五七一二飞机工业有限责任公司的高级工程师许爱军和教育部发布的"1+X"数控车铣加工职业技能等级标准起草单位中国航发南方航空工业有限公司的技术专家参与本书的编写，本书是长沙航空职业技术学院国家级资源库飞行器制造技术专业教学资源库的核心课程，有丰富的线上教学资源，可以提供给学习者进行线上线下多维度学习。

编　者

目录
CONTENTS

学习情境三　数控车铣综合加工技能实训

参考文献

数控车床加工技能实训

模块 一

数控车床操作基础

任务一　FANUC 0i TF 系统数控车床基本操作

 工作任务卡

任务编号	1	任务名称	FANUC 0i TF 系统数控车床基本操作
设备型号	CK6140i	工作区域	数控实训中心-数控车削教学区
版　本	V1	建议学时	2 学时
参考文件	1+X 数控车铣加工职业技能等级标准、FANUC 数控系统操作说明书		
课程思政	1. 执行安全、文明生产规范，严格遵守车间制度和劳动纪律； 2. 着装规范（工作服、劳保鞋），不携带与生产无关的物品进入车间； 3. 实训现场工具、量具和刀具等相关物料的定制化管理； 4. 严禁徒手清理铁屑，气枪严禁指向人； 5. 培养学生勤学好问、勤于思考、规范操作、严谨工作的求学态度		

工具/设备/材料：

类别	名　　称	规格型号	单位	数量
工具	卡盘扳手		把	1
	刀架扳手		把	1
	加力杆		把	1
	内六角扳手		套	1
	活动扳手		把	1
	垫片		片	若干
	铁屑钩		把	1
	卫生清洁工具		套	1

1. 工作任务

（1）独立完成数控车床开关机检查；

（2）独立操作 FANUC 0i TF 系统数控车床；

（3）独立完成新建数控加工程序和编辑程序；

（4）独立完成数控加工程序刀路轨迹图形模拟校验；

（5）独立完成数控加工程序自动运行

2. 工作准备

（1）技术资料：工作任务卡 1 份、教材、FANUC 系统数控操作说明书。

（2）工作场地：有良好的照明、通风和消防设施等条件。

（3）工具、设备：按"工具和设备"栏目准备相关工具和设备。

（4）建议分组实施教学。每 2～3 人为一组，每组配备一台数控车床。通过分组讨论完成零件的工艺分析及加工工艺方案设计，通过演示和操作训练完成零件的加工。

（5）劳动防护：穿戴劳保用品、工作服

笔记

引导问题

① 数控机床开机是否需要回零？回零的目的是什么？
② 数控车床工作方式有哪些？
③ 数控车床有几种启动主轴方式？
④ 数控车床关机有什么顺序没有？

知识链接

1. 数控车床开机前检查

① 检查机床防护门、电气控制柜门等是否已经关闭，确认机床没有人员在操作设备和维修设备。
② 检查机床的润滑泵和冷却液箱的液位标是否在正常范围。
③ 检查机床操作面板上的急停按钮是否按下处于急停状态。

2. 数控车床开机步骤

 笔记

① 确认开机前检查正常后，接通车间电源控制柜里该机床的总电源。
② 再次确认机床急停按钮是否按下，合上机床侧面的强电电源开关，按下机床操作面板上的开机按钮。
③ 在系统开机的过程中，不要操作数控系统面板上的任何按钮，直到正常进入系统工作界面。
④ 如果机床的伺服系统采用的是增量式编码器，开机后需要进行回零操作；如果

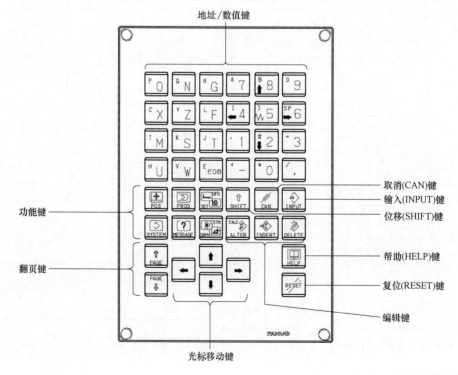

图 1-1　FANUC 0i TF 系统数控车床 MDI 键盘

是绝对式编码器，则不需要进行回零操作。

3. 数控车床关机步骤

① 将数控车床的尾座移动至车床导轨尾部，确保尾座套筒上没有刀具，套筒缩到最里面位置。

② 将数控车床的电动刀架移动至导轨尾部位置。

③ 按下急停按钮，确认机床处于急停状态。

④ 按下机床操作面板上的关机按钮，关闭数控系统。

⑤ 断开机床侧面的强电电源开关。

⑥ 断开车间电源控制柜该机床的电源开关。

4. FANUC 0i TF 系统数控车床 MDI 键盘功能介绍

FANUC 0i TF 系统数控车床 MDI 键盘如图 1-1 所示，具体的功能介绍见表 1-1。

表 1-1　FANUC 0i TF 系统数控车床 MDI 键盘功能介绍

序号	MDI 按键类型	图　标	作　　用
1	复位键	RESET	按复位键，用于取消报警、CNC 系统复位功能和停止机床当前的动作
2	功能键：用于系统屏幕各功能显示界面切换	POS	按"POS"键可以切换至各坐标系位置显示功能界面，可以查看机床的机械坐标系、绝对坐标系和相对坐标系的当前位置
		PROG	按"PROG"键可以切换至程序显示、程序列表和程序管理界面，可以进行查看程序、程序检索、程序编辑和程序传输等功能
		OFS SET	按"OFS/SET"键可以切换至刀具偏置和设定界面，可以进行对刀数据、刀补数据的录入等工作
		SYSTEM	按"SYSTEM"键可以切换至系统界面，可以进行参数设置、查看梯形图、系统诊断等工作
		MESSAGE	按"MESSAGE"键可以切换至信息显示界面，可以查看系统报警信息、操作履历等信息
		GRAPH	按"GRAPH"键可以切换至图形显示界面，可以进行加工刀路轨迹显示，也可以显示伺服电机的电流波形图
		HELP	按"HELP"键切换至帮助界面，可以查阅系统相关功能使用帮助
3	编辑键：用于加工程序的编辑和数控系统各项数据的修改	CALC ALTER	替换键，按"ALTER"键替换光标当前位置的程序代码
		INSERT	插入键，按"INSERT"键在光标当前位置后面插入程序代码

笔记

续表

序号	MDI按键类型	图　标	作　　用
3	编辑键:用于加工程序的编辑和数控系统各项数据的修改	DELETE	删除键,按"DELETE"键删除光标当前位置的程序代码,也可以输入程序名再按"DELETE"键来删除整个程序文件
		CAN	取消输入键,按"CAN"键取消输入到键入缓存器的程序代码或字符
		↑ ↓ ← →	光标移动键:通过四个按键可以控制光标上下左右移动
		PAGE↑ PAGE↓	上下翻页功能
		N 4 …	这些按键可以用于输入字母、字符或者数字
		SHIFT	有些地址、数字按键上有2个字符,可以用"SHIFT"键进行切换输入
4	软按键		在系统屏幕的下面有12个软按键,右侧有9个软按键,用于系统各功能界面的菜单选项功能,在不同的功能页面功能按键的功能不一样,具体功能见各功能页面的屏幕显示

5. 机床操作面板功能介绍

数控机床的操作面板如图1-2所示,操作者在操作数控机床时,首先要正确地选择相应的工作方式才能进行相应功能的操作,例如:要编辑程序时工作方式就要切换至编辑方式,要手动移动工作台就要把工作方式切换至手动方式。机床操作面板具体功能介绍如表1-2所示。

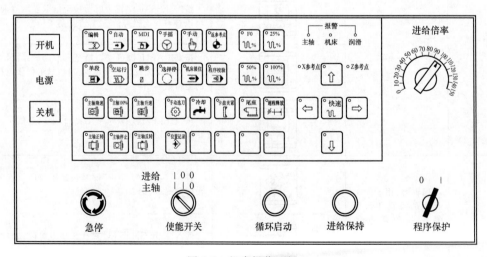

图1-2　机床操作面板

表 1-2　数控机床操作面板功能介绍

序号	工作方式	图标	功能	可操作功能按键
1	急停开关	急停	在机床出现紧急情况时,应及时按下急停开关	按下急停开关后,机床处于急停状态,机床操作面板各功能按键无效
2	编辑	编辑	在编辑方式下可以新建程序、编辑程序、传输程序、系统数据备份与恢复等	(1)在编辑方式下通过系统的 MDI 键盘和软键盘,可以进行新建加工程序、编辑程序、程序传输和系统参数等数据的传输相关操作。 (2)程序保护程序保护钥匙开关;当钥匙开关处于左位时程序保护功能有效,操作者无法调用和编辑程序;当钥匙开关处于右位时程序保护功能无效,操作者可以调用和编辑程序
3	自动	自动	在自动方式下可以自动运行程序	(1)循环启动:启动运行当前的加工程序; (2)进给保持:暂停当前运行程序的进给运动; (3)单段运行:单段运行程序模式,程序每执行完一行程序自动暂停,按循环启动后继续执行下一行程序; (4)空运行:运行程序时,程序中的进给速度无效,全部以系统参数设置的空运行速度运行程序,一般用于效验数控加工程序; (5)跳步:开启跳步功能时,遇到前面加"/"符号的程序段会跳过该程序段执行下一行程序; (6)选择停:开启选择停功能时,遇到 M01 指令时程序会暂停运行,按循环启动后继续执行下一行程序; (7)机床锁住:开启机床锁住功能时,机床的进给轴锁住不能移动,一般用在效验程序时; (8)进给倍率开关,修调切削进给移动速度; (9)快移倍率修调开关,用于修调 G00 快速移动速度倍率; (10)主轴转速倍率修调开关; (11)冷却液开关,手动开关冷却液
4	录入	MDI	在 MDI 方式下可以执行简短程序,如 M03 S300 主轴正转、转速 300r/min	(1)在 MDI 方式下,可以通过 MDI 键盘输入简短程序指令通过(循环启动)按键执行该指令; (2)在 MDI 方式下可以通过 MDI 键盘修改系统参数

📖笔记

续表

序号	工作方式	图标	功能	可操作功能按键
5	手摇	手摇	在手摇方式下可以通过手摇控制机床工作台移动	(1)　手摇轴选开关，选择手轮移动的轴； (2)　手摇倍率开关，选择手轮移动的倍率：X1 表示 0.001mm/格、X10 表示 0.01mm/格、X100 表示 0.1mm/格； (3)　手摇脉冲发生器，顺时针旋转为正方向，逆时针为负方向，手摇转动的速度和手摇的倍率开关控制工作台移动快慢
6	手动	手动	在手动方式下可以通过手动控制机床工作台移动、手动启动和停止主轴、手动换刀等	(1)　X 轴手动正向移动； (2)　X 轴手动负向移动； (3)　Z 轴手动正向移动； (4)　Z 轴手动负向移动； (5)　手动快速移动功能，与各轴手动移动按键同时使用； (6)　手动进给倍率开关，修调手动移动速度； (7)　快移倍率修调开关，用于修调手动快速移动速度倍率； (8)　主轴手动正转、停止与反转功能； (9)　主轴转速修调开关； (10)　手动选刀，手动转换刀架； (11)　冷却液开关，手动开关冷却液
7	回零	返参考点	在返参考点方式下可以通过手动返回机床参考点，注意车床应先 X 轴返回参考点后才能进行 Z 轴返回参考点以避免工作台撞到车床的尾座	(1)　X 轴手动正向移动，在回零模式下按下 X 轴手动正向移动按键控制 X 轴回零，当 X 轴回参考点完成时操作面板上的 X 轴参考点指示灯亮； (2)　在回零模式下按下 Z 轴手动正向移动按键控制 Z 轴回零，当 Z 轴回参考点完成时操作面板上的 Z 轴参考点指示灯亮

笔记

6. 程序管理

要对数控系统里面的程序进行管理和编辑，机床的工作方式要切换至"编辑"方式下，按"PROG"将系统屏幕显示切换至"程序"界面，如图 1-3 所示，可以通过"PROG"按键切换"程序"和"目录"两个页面，也可以通过系统屏幕下方的"软操作按钮"选择相应程序管理功能页面。

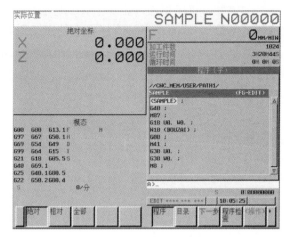

图 1-3　程序界面

（1）创建新程序　按操作面板上的"编辑"按钮，将工作方式切换至"编辑方式"→点击 MDI 键盘上的"PROG"按钮，将屏幕画面切换至程序界面→通过 MDI 键盘输入程序名，例如：O0002→点击 MDI 键盘上的"INSERT"按钮→通过 MDI 键盘输入程序内容→完成新程序的创建。

（2）程序传输　数控加工程序也可以使用记事本等文本编辑器进行创建，再通过程序传输工具软件将编辑好的程序传输到数控系统的存储器里面。如图 1-4 所示，FANUC 公司提供专用的以太网程序传输工具软件，正确配置数控系统和电脑的网络参数后就可以非常方便快捷地进行程序的传输。

具体操作步骤如下：

正常连接机床后，将电脑中的程序下载到机床中，如图 1-5 所示，选中要下载的程序点击右键选择"下载"，也可以直接用鼠标将程序文件拖拽至机床的程序目录下。

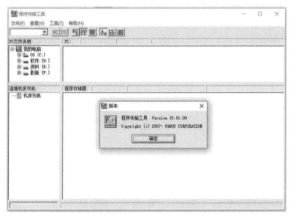

图 1-4　程序传输工具软件

笔记

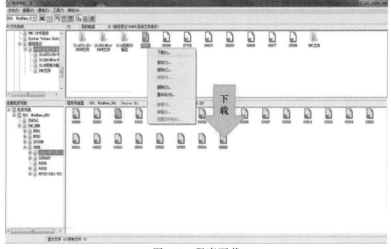

图 1-5　程序下载

如果要将机床里面的程序上传到电脑中，则如图1-6所示，选中要上传的程序右键选择"上传"，或者用鼠标直接将文件拖拽到电脑的程序文件目录中。

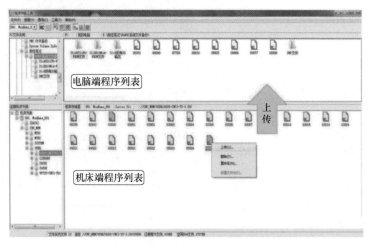

图1-6 程序上传

📝笔记

（3）删除程序 如图1-3所示，在编辑方式下，进入程序界面→输入将要删除的程序名称，例如：O0002→点击MDI键盘上的"DELETE"按钮，即可完成程序的删除。

（4）程序的调用

方法1：如图1-3所示，在编辑方式下进入程序界面→输入要调用的程序名称，例如：O0002→点击MDI键盘上的" ⬇ "按钮，完成程序的调用，即主程序的设置。

方法2：如图1-7所示，在编辑方式下进入程序的目录界面→通过MDI键盘的光标上下移动选择需要调用的程序→点击系统屏幕下方的软操作按钮的"主程序"选项，完成主程序的设置，即完成加工程序的调用。

（5）程序的编辑 如图1-3所示，在编辑方式下进入当前程序的页面，通过系统的MDI键盘各按钮对程序进行编辑，编辑修改完成后系统自动保存。

（6）程序的校验 如图1-3所示，在编辑方式下进入当前程序的页面→将工作方式切换至"自动方式"→点击MDI键盘上的"GRAPH"按钮，将系统屏幕切换至"刀路轨迹图形显示"界面→如图1-8所示，设置好绘图参数→如图1-9所示，选择"路径执行"选项→点击"操作"→点击"开始"系统将自动进行刀路轨迹模拟验证，验证结果如图1-10所示。

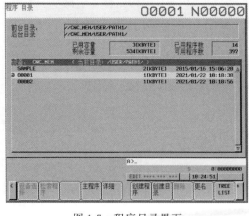

图1-7 程序目录界面

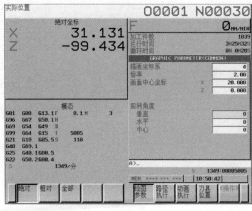

图1-8 绘图参数设置界面

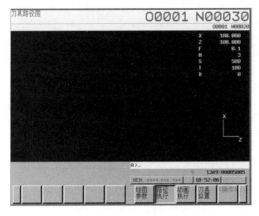

图 1-9　路径执行界面

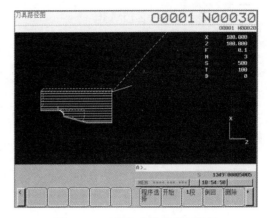

图 1-10　刀路轨迹模拟验证结果

 ## 制订工作计划

1. 独立完成数控机床开机与关机，并描述开关机的具体操作步骤。

笔记

2. 独立完成新建数控加工程序，并描述新建加工程序的操作步骤。

3. 在自动方式下，调用数控加工程序，并描述具体操作流程。

执行工作计划

序号	操作流程	工 作 内 容	学习问题反馈
1	机床开机	检查机床→开机→低速热机→回机床参考点(先回 X 轴,再回 Z 轴)	
2	手动控制主轴正反转	在手动方式下,手动控制主轴正反转,通过主轴转速修调开关调整主轴转速	
3	手动移动工作台	在手动方式下移动工作台各方向移动,通过手动进给倍率修调开关调整手动移动速度	
4	手动快速移动工作台	在手动方式下快速移动工作台各方向移动,通过手动快移倍率修调开关调整手动快移移动速度	
5	手摇移动工作台	在手摇方式下移动机床工作台,切换手摇轴和手摇倍率开关	
6	手动换刀	在手动方式下手动切换刀架	
7	开关冷却液	手动打开和关闭冷却液	
8	MDI 方式启动主轴	在 MDI 方式下启动主轴,主轴正转,转速 300r/min	
9	新建程序	在编辑方式下,新建数控加工程序,并完成程序的编辑	
10	机床关机	回机床参考点(先回 X 轴,再回 Z 轴)→检查机床→关机	

考核与评价

职业素养考核

作为一门专业实践课,课程思政的考核重点是学生的操作规范与职业素养,是贯穿整个课程的过程性考核,具体评价项目及标准见表 1-3。

表 1-3　职业素养考核评价标准

考核项目		考核内容	配分	扣分	得分
加工前准备	纪律	服从安排;场地清扫等。违反一项扣1分	2		
	安全生产	安全着装;按规程操作等。违反一项扣1分	2		
	职业规范	机床预热、按照标准进行设备点检。违反一项扣1分	4		
加工操作过程	打刀	每打一次刀扣2分	4		
	文明生产	工具、量具、刀具定制摆放、工作台面的整洁等。违反一项扣1分	4		
	违规操作	用砂布、锉刀修饰;锐边没倒钝,或倒钝尺寸太大等没按规定的操作行为,扣1~2分	2		
加工结束后设备保养	清洁、清扫	清理机床内部的铁屑,确保机床表面各位置的整洁,清扫机床周围的卫生,做好设备的保养。违反一项扣1分	4		
	整理、整顿	工具、量具的整理与定制管理。违反一项扣1分	4		
	素养	严格执行设备的日常点检工作。违反一项扣1分	4		
出现撞机床或工伤		出现撞机床或工伤事故整个测评成绩记0分			
合　　计			30		

总结与提高

1. 任务实施情况分析

任务完成后，学员根据任务实施情况，分析存在的问题及原因，并填写表1-4。指导老师对任务实施情况进行讲评。

表 1-4　数控车床操作基础任务实施情况分析表

任务实施过程	存在的问题	解决的办法
机床操作		
安全文明生产		

2. 总结

① 开关机前应先确认没有人在操作数控机床。

② 严禁多人同时操作一台机床，每次只允许一个人操作机床，在操作机床时其他人严禁操作机床操作面板、MDI 键盘、机床尾座等功能部件。

③ 移动机床时要注意工作台的位置，避免发生机床碰撞事故。

④ 操作机床前应先检查操作者的着装是否规范，安全防护是否到位。

⑤ 启动主轴前应关闭机床防护门，以确保操作者的安全。

⑥ 操作机床前应先确认机床的工作方式是否正确。

⑦ 出现紧急状况应先按下急停按钮，并报告指导老师。

⑧ 每次实训下班前应按照 6S 管理的规范与标准，整理实训现场。

📑 笔记

任务二　数控车床常用刀具的安装及对刀操作

 ## 工作任务卡

任务编号	2	任务名称	数控车床常用刀具的安装及对刀操作
设备型号	CK6140i	工作区域	数控实训中心-数控车削教学区
版　本	V1	建议学时	2 学时
参考文件	1+X 数控车铣加工职业技能等级标准、FANUC 数控系统操作说明书		
课程思政	1. 执行安全、文明生产规范,严格遵守车间制度和劳动纪律; 2. 着装规范(工作服、劳保鞋),不携带与生产无关的物品进入车间; 3. 实训现场工具、量具和刀具等相关物料的定制化管理; 4. 严禁徒手清理铁屑,气枪严禁指向人; 5. 培养学生爱岗敬业、工作严谨、精益求精的职业素养		

工具/设备/材料:

笔记

类别	名　称	规格型号	单位	数量
工具	卡盘扳手		把	1
	刀架扳手		把	1
	加力杆		把	1
	内六角扳手		套	1
	活动扳手		把	1
	垫片		片	若干
	螺纹对刀样板		块	1
	铁屑钩		把	1
	卫生清洁工具		套	1
量具	游标卡尺		把	1
刀具	90°外圆车刀		把	1
	外圆切槽(断)刀		把	1
	外螺纹车刀		把	1
耗材	棒料(45 钢)		根	1

1. 工作任务

(1)独立完成外圆车刀的装刀及对刀操作;

(2)独立完成外圆切槽刀的装刀及对刀操作

2. 工作准备

(1)技术资料:工作任务卡 1 份、教材、FANUC 系统数控操作说明书。

(2)工作场地:有良好的照明、通风和消防设施等条件。

(3)工具、设备:按《工具和设备》栏目准备相关工具和设备。

(4)建议分组实施教学。每 2~3 人为一组,每组配备一台数控车床。通过分组讨论完成零件的工艺分析及加工工艺方案设计,通过演示和操作训练完成零件的加工。

(5)劳动防护:穿戴劳保用品、工作服

？引导问题

① 常用数控车刀类型有哪些?

② 数控车刀刀尖是否需要对中心?

③ 可转位数控车刀更换刀片后是否需要重新对刀？

 知识链接

1. 数控车削刀具基础知识

为了适应数控加工高速、高效和高自动化程度等特点，数控加工刀具应比传统加工用刀具有更高的要求。数控加工刀具应满足如下要求。

① 刀具材料应具有高的可靠性：数控加工刀具材料应具有高的耐热性、抗热冲击性和高温力学性能。

② 数控刀具应具有高的精度：数控加工要求刀具的制造精度高，尤其在使用可转位结构的刀具时，对刀片的尺寸公差、刀片转位后刀尖空间位置尺寸的重复精度，都有严格的精度要求。

③ 数控刀具应能实现快速更换：数控刀具应能适应快速、准确的自动装卸，要求刀具互换性好、更换迅速、尺寸调整方便、安装可靠、换刀时间短。

④ 数控刀具应系列化、标准化和通用化：数控刀具实现系列化、标准化和通用化，可尽量减少刀具规格，便于刀具管理，降低加工成本，提高生产效率。

⑤ 为了保证生产稳定进行，数控刀具应能可靠地断屑或卷屑。

2. 车削刀具类型及选用

（1）按车削对象分类　车床主要用于回转表面的加工，如内外圆柱面、圆锥面、圆弧面、端面、螺纹等的切削加工。车刀按加工对象可分为外圆车刀、端面车刀、内孔车刀、切断刀、切槽刀等多种形式。常用车削刀具种类及用途参见图 2-1。

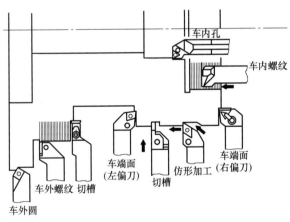

图 2-1　常用车削刀具种类

（2）按车刀结构分类　从车刀的刀体与刀片的连接情况看，可分为整体车刀、焊接车刀和机械夹固式车刀。

3. 车削刀具基本几何参数及选用

（1）车刀几何参数　金属切削加工所用的刀具种类繁多、形状各异，但是它们参加切削的部分在几何特征上都有相同之处。外圆车刀的切削部分可作为其他各类刀具切削部分的基本形态，其他各类刀具就其切削部分而言，都可以看成是外圆车刀切削部分的演变。因此，通常以外圆车刀切削部分为例来确定刀具几何参数的有关定义。

外圆车刀切削部分包括：

笔记

① 前刀面：刀具上切屑流过的表面。

② 后刀面：刀具上与工件过渡表面相对的表面。

③ 副后刀面：刀具上与工件已加工表面相对的表面。

④ 主切削刃：前刀面与后刀面相交而得到的刃边（或棱边），用于切出工件上的过渡表面，完成主要的金属切除工作。

⑤ 副切削刃：前刀面与副后刀面相交而得到的刃边，它配合主切削刃完成切削工作，最终形成工件已加工表面。

外圆车刀切削部分的名称和刀具几何角度如图 2-2 所示。

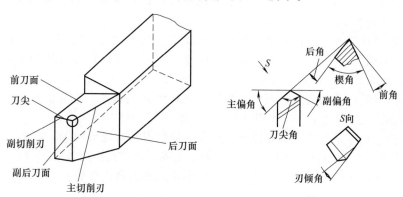

 笔记

图 2-2　车刀几何角度

（2）车刀几何角度的选用

① 前角、后角的选用　前角增大，使刃口锋利，利于切下切屑，能减少切削变形和摩擦，降低切削力、切削温度，减少刀具磨损，改善加工质量等。但前角过大，会导致刀具强度降低、散热体积减小、刀具耐用度下降，容易造成崩刃。减小前角，可提高刀具强度，增大切削变形，且易断屑。

后角的主要功用是减小刀具后面与工件的摩擦，减轻刀具磨损。后角减小使刀具后面与工件表面间的摩擦加剧，刀具磨损加大，工件冷硬程度增加，加工表面质量差。后角增大使摩擦减小，刀具磨损减少，提高了刃口锋利程度。但后角过大会减小刀刃强度和散热能力。粗加工时以确保刀具强度为主，后角可取较小值，精加工时以保证加工表面质量为主，后角可取较大值。

② 主偏角、副偏角选用　调整主偏角可改变总切削力的作用方向，如增大主偏角，使切削力在吃刀方向上的切削分力减小，可减小振动和加工变形。主偏角减小，刀尖角增大，刀具强度提高，散热性能变好，刀具耐用度提高。

副偏角的功用主要是减小副切削刃和已加工表面的摩擦。使主、副偏角减小，同时刀尖角增大，可以显著减小残留面积高度，降低表面粗糙度值，使散热条件好转，从而提高刀具耐用度。但副偏角过小，会增加副后刀面与工件之间的摩擦，并使径向力增大，易引起振动。同时还应考虑主、副切削刃干涉轮廓的问题。

③ 刃倾角选用　刃倾角表示刀刃相对基面的倾斜程度，刃倾角主要影响切屑流向和刀尖强度。

4. 车削常见刀具材料

（1）刀具材料的基本性能　刀具材料的选择对刀具寿命、加工效率、加工质量和加工成本等的影响很大。刀具切削时要承受高压、高温、摩擦、冲击和振动等作用，因此，刀具材料应具备如下一些基本性能。

① 硬度和耐磨性　刀具材料的硬度必须高于工件材料的硬度，刀具材料的硬度越高，耐磨性就越好。

② 强度和韧性　刀具材料应具备较高的强度和韧性，以便承受切削力、冲击和振动，防止刀具脆性断裂和崩刃。

③ 耐热性　刀具材料的耐热性要好，能承受高的切削温度，具备良好的抗氧化能力。

④ 工艺性能和经济性　刀具材料应具备好的锻造性能、热处理性能、焊接性能、磨削加工性能等，而且要追求高的性能价格比。

（2）常用刀具材料性能特点及应用

① 高速钢刀具　高速钢（High Speed Steel，HSS）是一种加入了较多的 W、Mo、Cr、V 等合金元素的高合金工具钢。高速钢刀具在强度、韧性及工艺性等方面具有优良的综合性能，在复杂刀具，尤其是制造孔加工刀具、铣刀、螺纹刀具、拉刀、切齿刀具等一些刃形复杂刀具，高速钢仍占据主要地位。高速钢刀具易于磨出锋利的切削刃。

② 硬质合金刀具　硬质合金材料是由硬度和熔点很高的碳化物［称硬质相，主要成分为碳化钨（WC）、碳化钛（TiC）、碳化钽（TaC）、碳化铌（NbC）等］和金属黏结剂（称黏结相，常用的金属黏结相是 Co），经粉末冶金方法而制成的。硬质合金刀具，特别是可转位硬质合金刀具，是数控加工刀具的主导产品。

③ 涂层刀具　对刀具进行涂层处理是提高刀具性能的重要途径之一。涂层刀具是在韧性较好的刀体上，涂覆一层或多层耐磨性好的难熔化合物，它将刀具基体与硬质涂层相结合，从而使刀具性能大大提高。

 笔记

5. 90°外圆车刀的装刀及对刀

（1）90°外圆车刀安装角度　如图 2-3 所示，90°外圆车刀为了确保车刀在车削台阶面时只有刀尖参与切削而不是整个切削刃，应将车刀刀头向左偏 3°左右，使外圆车刀的实际主偏角为 93°左右，这样可以较好地保证外圆车刀车削端面时的精度并有效提高外圆车刀的使用寿命。

（2）刀尖要与主轴回转中心等高　数控车刀的刀尖要与主轴和工件的回转中心等高，刀尖过高或者过低都会对车刀的使用寿命和切削加工造成一定的影响，车刀刀尖对中心通常可以通过对机床尾座顶尖法、测量法和试切法，对刀具的安装要求较高的场合建议采用试切法对中心，如图 2-4 所示。

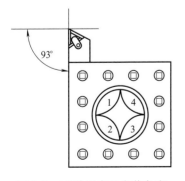

图 2-3　90°外圆车刀安装角度

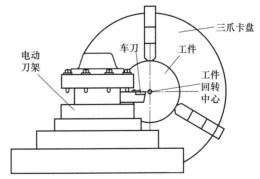

图 2-4　车刀刀尖对中心

当车刀的刀尖低于工件的回转中心时，应通过垫垫片的方式进行调整，注意放置垫片要求整齐，为了避免车刀悬空的情况，垫片要与刀架的前沿对齐，同时要注意垫片的数量尽量不要超过 3 片确保车刀在切削过程中的刚性和稳定性。如果车刀在未垫垫片的情况下刀尖中心已经高于工件回转中心，则需要更换合适的车刀。特别要注意在拧紧刀具压紧螺栓时，几个螺栓要交替往复拧紧，严禁使用加力杆进行夹紧刀具。

（3）90°外圆车刀对刀操作　　如图 2-5 所示，对刀是指将数控车刀刀位点在工件坐标系原点位置时的机床坐标系值输入到数控系统"刀具偏置"的"形状"界面相应刀号"刀补地址"中的操作过程。

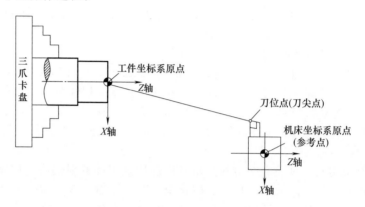

图 2-5　数控车刀对刀原理

📝笔记

由于数控车削加工零件的工件原点的位置通常在工件的回转中心，如果直接通过

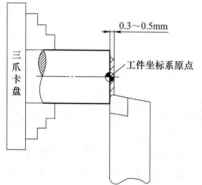

图 2-6　外圆车刀试切端面对刀

肉眼观察无法精确地直接将车刀刀尖点移动至工件原点位置，所以数控车床外圆车刀通常采用试切法进行对刀，具体操作步骤如下：

① 先进行 Z 轴方向的对刀　　如图 2-6 所示，手动启动主轴正转，调整转速（参考转速：300r/min）→通过手摇的方式移动工作台，控制车刀试切零件的端面（注意端面的试切量为 0.3～0.5mm，手摇移动的进给速度）→车刀在试切端面时刀尖正好处于 Z 轴的工件原点位置。

如图 2-7 所示，按下 MDI 键盘的"OFF/SET"按钮→切换至"偏置"界面→选择"形状"页面→将光标移动至相应刀号的"形状偏置"位置→输入"Z0"并点击"测量"，这时系统自动将 Z 轴与当前刀尖距离为 0 位置的 Z

轴机械坐标值输入到该刀具对应的刀具形状偏置补偿值中（注意在输入 Z 轴工件原点坐标值之前不要移动 Z 轴）。

② 再进行 X 轴方向的对刀　　如图 2-8 所示，手动启动主轴正转，调整转速（参考转速：300r/min）→通过手摇的方式移动工作台，控制车刀试切零件的外圆面（注意外圆的试切量为 1mm 左右、试切外圆的长度和手摇移动的进给速度）→车刀在试切外圆时刀尖处于工件的外圆柱面位置，这时刀尖正好与

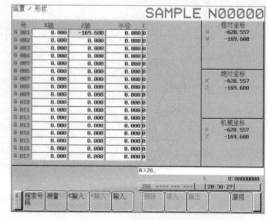

图 2-7　Z 轴工件原点坐标值输入界面

工件原点距离工件试切时外圆的直径值。

　　将刀具沿 Z 轴正方向退出工件表面并停止主轴，使用量具测量试切外圆的直径值→如图 2-9 所示，按下 MDI 键盘的"OFF/SET"按钮→切换至"偏置"界面→选择"形状"页面→将光标移动至相应刀号的"形状偏置"位置→输入"X 实际测量值"并点击"测量"，这时系统自动将 X 轴与当前刀尖距离为"试切外圆直径值"的 X 轴机械坐标值输入到该刀具对应的刀具形状偏置补偿值中（注意在输入试切直径值之前不要移动 Z 轴）。

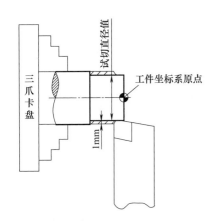

图 2-8　外圆车刀试切外圆对刀

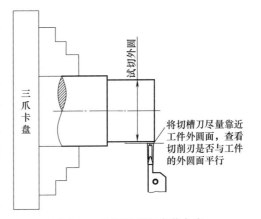

图 2-9　X 轴工件原点坐标值输入界面

笔记

6. 外圆切断刀（切槽刀）安装及对刀

　　（1）外圆切槽刀（切断刀）安装角度　如图 2-10 所示，外圆切槽刀（切断刀）为了确保车刀在切槽或者切断时不会与工件表面产生干涉，造成零件切断面凸起或者凹进去，在安装切断刀时应注意切削刃和工件的轴线平行，在实际安装时如果是刀杆形状不是很规整的焊接手工刃磨的切槽刀，则可以利用外圆车刀试切过的外圆面作为参考来判断切槽刀的切削刃是否与主轴回转轴线平行，若选用的是标准的机夹车刀，可以直接将车刀刀杆紧贴着刀架侧面安装。

图 2-10　外圆切槽刀安装角度

　　（2）切槽刀（切断刀）对中心高　外圆切槽刀（切断刀）刀尖与外圆车刀一样需要对工件的回转中心高，由于在切槽和切断时车刀承受的主要是径向力，造成切槽刀杆在切削时会有弹性变形，所以切槽刀（切断刀）在对中心时可以比机床的回转中心高 0.1～0.2mm。

　　（3）切槽刀（切断刀）对刀操作　由于车刀的形状和在刀架上的位置都不一样，造成每把刀的刀位点在工件原点时的机床坐标值也不一致，所以加工时用到的每把车刀都需要进行对刀操作。

　　① 先进行 Z 轴方向的对刀　由于同一个工件在一道工序中通常工件原点只有一个，所以除了第一把基准车刀（通常选择外圆精车刀）外，其他的车刀，如切槽刀在

对 Z 轴时不能再去切除零件的端面。

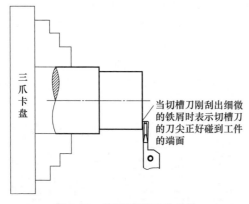

图 2-11　外圆切槽刀对 Z 轴

当切槽刀刚刮出细微的铁屑时表示切槽刀的刀尖正好碰到工件的端面

如图 2-11 所示，手动启动主轴正转，调整转速（参考转速：300r/min）→通过手摇的方式移动工作台，控制切槽刀刀尖正好触碰到工件的端面（注意切槽刀靠近端面时手摇速度要慢，注意观察刀尖正好刮出细微的铁屑）→这时切槽刀的刀尖正好处于 Z 轴的工件原点位置。

如图 2-12 所示，按下 MDI 键盘的"OFF/SET"按钮→切换至"偏置"界面→选择"形状"页面→将光标移动至相应刀号的"形状偏置"位置→输入"Z0"并点击"测量"，这时系统自动将 Z 轴与当前刀尖距离为 0 位置的 Z 轴机械坐标值输入到该刀具对应的刀具形状偏置补偿值中（注意在输入 Z 轴工件原点坐标值之前不要移动 Z 轴）。

② 再对 X 轴方向的对刀　由于切槽刀通常不能切削外圆，所以在对 X 轴时也采用去触碰工件表面的方式，但是注意触碰的工件表面应选择前面外圆车刀试切过的外圆面，如图 2-13 所示，手动启动主轴正转，调整转速（参考转速：300r/min）→通过手摇的方式移动工作台，控制切槽刀刀尖正好触碰到工件的试切外圆面（注意切槽刀靠近工件时手摇速度要慢，注意观察刀尖正好刮出细微的铁屑）→这时切槽刀的刀尖处于工件的外圆柱面位置，这时刀尖正好与工件原点距离工件试切时外圆的直径值→如图 2-14 所示，按下 MDI 键盘的"OFF/SET"按钮→切换至"偏置"界面→选择"形状"页面→将光标移

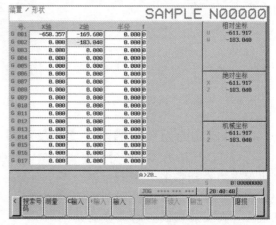

图 2-12　Z 轴工件原点坐标值输入界面

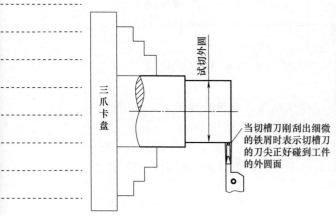

图 2-13　外圆切槽刀对 X 轴

当切槽刀刚刮出细微的铁屑时表示切槽刀的刀尖正好碰到工件的外圆面

图 2-14　X 轴工件原点坐标值输入界面

动至相应刀号的"形状偏置"位置→输入"X 试切外圆直径值"并点击"测量",这时系统自动将 X 轴与当前刀尖距离为"试切外圆直径值"的 X 轴机械坐标值输入到该刀具对应的刀具形状偏置补偿值中(注意在输入试切直径值之前不要移动 Z 轴)。

 制订工作计划

1. 独立完成 90°外圆车刀的安装,并描述装刀过程及注意事项。

2. 独立完成外圆切断刀(切槽刀)的安装,并描述装刀过程及注意事项。

 执行工作计划

序号	操作流程	工 作 内 容	学习问题反馈
1	外圆车刀的安装	(1)外圆车刀的安装; (2)外圆车刀对中心高	
2	外圆车刀的对刀操作	(1)外圆车刀 Z 轴方向对刀; (2)外圆车刀 X 轴方向对刀	
3	切断刀安装	(1)切断刀的安装; (2)切断刀对中心高	
4	切断刀的对刀操作	(1)切断刀 Z 轴方向对刀; (2)切断刀 X 轴方向对刀	

 考核与评价

职业素养考核

作为一门专业实践课,课程思政的考核重点是学生的操作规范与职业素养,是贯穿整个课程的过程性考核,具体评价项目及标准见表 2-1。

笔记

表 2-1 职业素养考核评价标准

考核项目		考核内容	配分	扣分	得分
加工前准备	纪律	服从安排;场地清扫等。违反一项扣1分	2		
	安全生产	安全着装;按规程操作等。违反一项扣1分	2		
	职业规范	机床预热、按照标准进行设备点检。违反一项扣1分	4		
加工操作过程	打刀	每打一次刀扣2分	4		
	文明生产	工具、量具、刀具定制摆放、工作台面的整洁等。违反一项扣1分	4		
	违规操作	用砂布、锉刀修饰;锐边没倒钝,或倒钝尺寸太大等没按规定的操作行为,扣1~2分	2		
加工结束后设备保养	清洁、清扫	清理机床内部的铁屑,确保机床表面各位置的整洁,清扫机床周围的卫生,做好设备的保养。违反一项扣1分	4		
	整理、整顿	工具、量具的整理与定制管理。违反一项扣1分	4		
	素养	严格执行设备的日常点检工作。违反一项扣1分	4		
出现撞机床或工伤		出现撞机床或工伤事故整个测评成绩记0分			
合 计			30		

笔记

 总结与提高

1. 任务实施情况分析

任务完成后,学员根据任务实施情况,分析存在的问题及原因,并填写表 2-2。指导老师对任务实施情况进行讲评。

表 2-2 数控车床操作基础任务实施情况分析表

任务实施过程	存在的问题	解决的办法
外圆车刀的装刀		
外圆车刀的对刀		
切断刀的装刀		
切断刀的对刀		

2. 总结

① 所有车刀安装时都需要对中心高。

② 90°外圆车刀装刀时要将刀头向左偏 3°~5°以确保切削时只有刀尖参与切削。

③ 调整车刀刀尖对中心高的垫片数量尽量不要超过 3 片,垫片要整齐,垫垫片时

避免刀杆在刀架上处于悬空状态。

④ 在输入 Z 轴对刀测量数值时要注意刀尖要在端面位置即 Z 轴的工件原点位置不能动，并且 Z 轴不能移动，但是可以移动 X 轴。

⑤ 在输入 X 轴对刀测量数值时要注意刀尖要在试切外圆面位置即离 X 轴的工件原点一个试切外圆的位置不能动，并且 X 轴不能移动，但是可以移动 Z 轴。

⑥ 切断刀对刀时，对 Z 轴只能采用触碰工件端面的方法，不能再去切除零件的端面，否则会造成切断刀的 Z 轴工件原点与外圆车刀的 Z 轴工件原点不一致。

⑦ 切断刀对 X 轴时，在刀具刚度和强度允许的情况下可以再去试切外圆并测量，但是由于普通的切断刀只能承受较小的轴向力不适合切外圆，所以这次课用到的外圆切断刀对 X 轴时也采用触碰外圆车刀试切过的外圆柱面，输入测量数值时直接输入外圆车刀的试切直径值。

⑧ 强调 6S 管理的规范与标准，整理实训现场。

📑笔记

任务三 数控车床维护与保养规范

 工作任务卡

任务编号	3	任务名称	数控车床维护与保养规范
设备型号	CK6140i	工作区域	数控实训中心-数控车削教学区
版　本	V1	建议学时	2 学时
参考文件	1+X 数控车铣加工职业技能等级标准、FANUC 数控系统操作说明书		
课程思政	1. 执行安全、文明生产规范,严格遵守车间制度和劳动纪律; 2. 着装规范(工作服、劳保鞋),不携带与生产无关的物品进入车间; 3. 工量具和刀具定制管理; 4. 严禁徒手清理铁屑,气枪严禁指向人; 5. 数控车床维护保养; 6. 培养学生爱岗敬业、热爱劳动、敬重装备、敬畏生命、乐于奉献的职业态度		

工具/设备/材料:

类别	名　称	规格型号	单位	数量
工具	卡盘扳手		把	1
	刀架扳手		把	1
	加力杆		把	1
	内六角扳手		套	1
	活动扳手		把	1
	垫片		片	若干
	铁屑钩		把	1
	卫生清洁工具		套	1
量具				
刀具				
耗材				

1. 工作任务

(1)了解数控车床维护保养规范;

(2)熟悉数控车床三级保养内容和保养记录表;

(3)独立完成数控车床一级保养操作;

(4)熟悉数控车床实训现场 6S 管理规范

2. 工作准备

(1)技术资料:工作任务卡 1 份、教材、FANUC 系统数控操作说明书。

(2)工作场地:有良好的照明、通风和消防设施等条件。

(3)工具、设备:按《工具和设备》栏目准备相关工具和设备。

(4)建议分组实施教学。每 2~3 人为一组,每组配备一台数控车床。通过分组讨论完成数控车床的维护保养规范、三级保养内容及实训现场 6S 管理规范,通过演示和操作训练完成数控车床的一级保养和实训现场 6S 管理操作规范。

(5)劳动防护:穿戴劳保用品、工作服

 引导问题

① 数控车床是否需要定期维护保养?

② 数控车床三级保养的内容有哪些?

③ 数控车床现场 6S 管理是否有必要?

笔记

④ 数控车床保养都由机床操作者完成？

 知识链接

数控机床使用寿命的长短和故障发生的高低，不仅取决于机床的精度和性能，很大程度上也取决于它的正确使用和维护保养。正确的使用能防止设备非正常磨损，避免突发故障，精心的维护保养可使设备保持良好的技术状态，延缓老化进程，及时发现和消除隐患于未然，从而保障安全运行。

数控机床具有机、电、液于一体，技术密集和知识密集的特点。因此，数控机床的维护人员不仅要有机械加工工艺及液压、气动方面的知识，也要具备计算机、自动控制、驱动及测量技术等知识，这样才能全面了解、掌握数控机床以及做好机床的维护保养工作。维护人员在维修前应详细阅读数控机床的有关说明书，对数控机床有一个详细的了解，包括机床结构特点、数控的工作原理及框图，以及它们的电缆连接。

数控车床的三级保养制度：

1. 一级保养

一级保养就是每天的日常保养，在数控车床工作前、工作中、工作后的日常维护事项。

不同型号的数控机床日常维护的内容和要求不完全一样，对于具体的机床，说明书中都有明确的规定，但总的说来包括以下几个方面：

（1）安全操作基本注意事项

① 工作时穿好工作服、安全鞋，戴好工作帽及防护镜。注意：不允许戴手套操作机床。

② 注意不要移动或损坏安装在机床上的警告标牌。

③ 注意不要在机床周围放置障碍物，工作空间应足够大。

④ 某一项工作需要两人或多人共同完成时，应注意相互之间的协调一致。

⑤ 禁止用压缩空气清扫机床、电气柜或 NC 单元的卫生。

（2）工作前的准备工作

① 机床开始工作前要有预热，认真检查润滑系统工作是否正常，如机床长时间未开动，可先采用手动方式向各部分供油润滑。

② 使用的刀具应与机床允许的规格相符，有严重破损的刀具应及时更换。

③ 调整刀具所用的工具不要遗忘在机床内。

④ 刀具安装应对工件回转中心，并完成对刀后才能加工。

⑤ 检查卡盘夹紧工作的状态。

⑥ 机床开始自动加工前，必须关好机床防护门。

（3）工作过程中的安全注意事项

① 禁止用手接触刀尖和铁屑，铁屑必须要用铁钩子或毛刷来清理。

② 禁止用手或其他任何方式接触正在旋转的主轴、工件或其他运动部位。

③ 禁止加工过程中测量零件、变换主轴挡位，更不能用布条等东西擦拭工件，也不能清扫机床。

④ 车床运转中，操作者不得离开岗位，机床发现异常现象立即停车。

⑤ 车床运行过程中发现异常情况，应立即报告实训指导教师，由专业的维修人员进行检查。

笔记

⑥ 在零件自动加工过程中，不允许打开机床防护门。

⑦ 吹气枪限在本台设备上使用，不得拉伸到别的机器上使用，以防损坏，用完后立即放回原处，以免乱挂被机器夹坏或者气管被切屑扎漏。

⑧ 严格遵守岗位责任制，机床由专人使用，其他人员不得随意操作运行中的设备。

⑨ 工作结束后首先切断电源，然后进行保养工作。

⑩ 清洁机床周围环境，严格按 6S 管理要求进行管理。

⑪ 在记录本上做好机床运行情况记录，填写好机床保养记录表。

2. 二级保养

二级保养需要每个月进行一次维护保养，一般在月底或月初，在学校实训教学过程中一般在每个班级完成所有的实训项目时进行。二级保养一般按照数控机床的部位划分来进行保养，需要在实训指导教师的指导下进行。

（1）主轴箱

① 擦洗箱体，检查制动装置及主电机皮带。要求清洁、安全、可靠，皮带松紧合适。

② 检查、清理主轴锥孔表面毛刺。要求光滑、清洁。

（2）各坐标进给传动系统

① 检查、清洁各坐标传动机构及导轨和毛毡或刮屑器。要求清洁无污、无毛刺。

② 对于采用增量式编码器的数控车床，检查各轴的限位开关、减速开关、零位开关及机械保险机构。要求清洁无污，安全、可靠。

（3）电动刀架

① 检查、清洗刀架各刀位及刀具压紧螺栓。要求清洁、可靠。

② 检查各刀位换刀功能。要求工作正常、可靠。

（4）尾座

① 清洗尾座各部位。要求清洁、无毛刺。

② 检查尾座的紧锁机构。要求安全、可靠。

③ 检查、调整尾顶尖与主轴的同轴度。要求符合国标规定。

（5）润滑系统

① 检查润滑泵、压力表。要求无泄漏、压力符合技术要求。

② 检查油路及分油器。要求清洁无污、油路畅通、无泄漏。

③ 检查清洗滤油器、油箱。要求清洁无污。

④ 检查主轴箱油液位标的油位。要求润滑油必须加至油标上限。

（6）冷却液系统

① 清洗冷却液箱，必要时更换冷却液。要求清洁无污、无泄漏，冷却液不变质。

② 检查冷却液泵、液路，清洗过滤器。要求无泄漏，压力、流量符合技术要求。

（7）整机外观

① 全面擦拭机床表面及死角。要求漆见本色、金属面见光。

② 清理电器柜内灰尘。要求清洁无污。

③ 清洗各排风系统及过滤网。要求清洁，可靠。

④ 清理、清洁机床周围环境。按要求按照 6S 管理标准进行管理。

3. 三级保养

三级保养通常是每半年或者每年进行的保养，学校可以在每一个学期期末进行保养，三级保养首先要完成二级保养的内容，还要对数控车床几何精度的重要指标和数控机床的运动精度进行检测和调整，因此三级保养需要数控设备维修维护的专业知识，一般由专业的技术人员或者专业教师进行具体保养操作。

① 主要几何精度，如床身水平，主轴和进给轴的相关几何精度检验项目。要求调整到符合出厂检验标准。

② 检测各轴的定位精度、重复定位精度以及反向误差。要求调整到符合出厂检验标准。

③ 检测电动刀架的定位精度、重复定位精度。要求调整到符合出厂检验标准。

4. 教学现场管理规范

实训教学现场的管理水平，代表着职业院校对现场管理认识的高低，一个管理规范的实训教学现场能够营造一种"人人积极参与、事事遵守标准"的良好氛围，能够使职业院校培养的学生更好地适应现代化企业管理要求，通过规范现场的设备、工具、量具等物品营造与企业现场接轨的工作环境，培养学生的劳动精神和良好的职业习惯，有利于调动学生的积极性并养成良好的职业素养，最终达到提升人的品质作用。

（1）数控车削实训教学区现场设备管理规范　数控车削实训教学区设备定制化管理如图 3-1 所示。数控车床工位定制化管理如图 3-2 所示。

📝笔记

图 3-1　数控车削实训教学区设备定制化管理

图 3-2　数控车床工位定制化管理

（2）数控车削工具柜定制管理规范　如图 3-3 所示，数控车削工具柜采用分层分类的定制化管理标准。

① 数控车削工具柜的第一层装有常用的工具和车削刀具，如图 3-4 所示。

② 数控车削工具柜的第二层装有常用的量具，如图 3-5 所示。

③ 数控车削工具柜的第三层装有常用的清洁工具，如图 3-6 所示。

图 3-3　数控车削工具柜分
层定制化管理

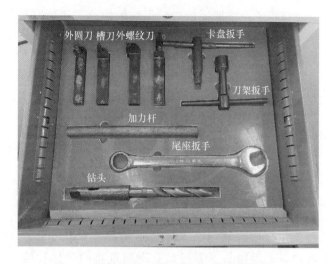

图 3-4　数控车削工具柜常用工具层定制管理

图 3-5　数控车削工具柜常用量具层定制管理

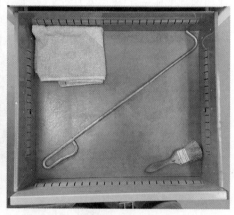

图 3-6　数控车削工具柜常用
清洁工具层定制管理

 制订工作计划

数控车床一级保养记录表

设备名称：		型号：	设备编号：	所属车间：	检查时间：	年				月			
检查项目	序号	检查内容	检查方法	检查标准	检查周期：每天								
					日	日	日	日	日	日	日	日	日
电气系统	1	操作面板各按钮是否完整	看、试	动作正常									
	2	电机运行声音是否正常	听	无异响									
	3	系统是否异常	看	无报警									
	4	电气控制柜冷却风扇运行是否正常	手感应	有风流动感									

续表

检查项目	序号	检查内容	检查方法	检查标准	检查周期：每天									
					日	日	日	日	日	日	日	日	日	日
润滑	1	润滑油位	看	在油标上下限位之间										
	2	各导轨是否有润滑油	手摸	导轨有油膜										
机械	1	刀具工装是否有松动	动手紧固	无松动										
	2	主轴和进给系统是否异常	听、试	无异响										
	3	电动刀架和尾座机构是否正常	试	刀架、尾座无松动										
清洁	1	设备外表是否清洁	手摸	无油污灰尘										
	2	工具柜里面的工量具定制管理	看	无乱摆放										
	3	设备铁屑是否清理干净	看	无残留铁屑										
	4	冷却风扇过滤网是不清理干净	气吹	无灰尘										
	5	现场是否有三漏	擦拭、看	无溢流										

数控车床二级保养记录表

设备名称：　　　型号：　　　设备编号：　　　所属车间：　　　检查时间：　　　年　　　月

检查项目	序号	检查内容	检查方法	检查标准	检查周期：每周			
					日	日	日	日
主轴箱	1	擦洗箱体，检查制动装置及主电机皮带	看、动手紧固	要求清洁、安全、可靠，皮带松紧合适				
	2	检查、清理主轴锥孔表面毛刺	看	要求光滑、清洁				
进给传动系统	1	检查、清洁各坐标传动机构及导轨和毛毡或刮屑器	看	要求清洁无污、无毛刺				
	2	对于采用增量式编码器的数控车床，检查各轴的限位开关、减速开关、零位开关及机械保险机构	看	要求清洁无污，安全、可靠				
电动刀架	1	检查、清洗刀架各刀位及刀具压紧螺栓	看	要求清洁、可靠				
	2	检查各刀位换刀功能	看、手动换刀	要求工作正常、可靠				
尾座	1	清洗尾座各部位	看	要求清洁、无毛刺				
	2	检查尾座的紧锁机构	动手紧固	要求安全、可靠				
	3	检查、调整尾顶尖与主轴的同轴度	动手调整	要求符合国标规定				
润滑系统	1	检查润滑泵、压力表	看	要求无泄漏，压力符合技术要求				
	2	检查油路及分油器	看	要求清洁无污、油路畅通、无泄漏				
	3	检查清洗滤油器、油箱	看	要求清洁无污				
	4	检查主轴箱油液位标的油位	看	要求润滑油必须加至油标上限				

笔记

续表

检查项目	序号	检查内容	检查方法	检查标准	检查周期：每周			
					日	日	日	日
冷却液系统	1	清洗冷却液箱，必要时更换冷却液	看	要求清洁无污、无泄漏，冷却液不变质				
	2	检查冷却液泵、液路，清洗过滤器	看	要求无泄漏，压力、流量符合技术要求				
整机外观	1	全面擦拭机床表面及死角	看、摸	要求漆见本色、金属面见光				
	2	清理电器柜内灰尘	看、摸	要求清洁无污				
	3	清洗各排风系统及过滤网	看、摸	要求清洁，可靠				
	4	清理、清洁机床周围环境	看	按要求按照 6S 管理标准进行管理				

数控车床三级保养记录表

设备名称：		型号：	设备编号：	所属车间：	检查时间：	年	月

 笔记

序号	检查内容	检查方法	检查标准	检查情况记录
1	数控车床床身水平	通过水平仪检测，并动手调整	符合国标要求	
2	溜板移动在 ZX 平面内的直线度	通过检验棒和千分表打表检测，并动手调整	符合国标要求	
3	主轴端部的跳动	通过检验棒和千分表打表检测，并动手调整	符合国标要求	
4	主轴定心轴颈的径向跳动	通过千分表打表检测，并动手调整	符合国标要求	
5	主轴锥孔轴线的径向跳动	通过千分表打表检测，并动手调整	符合国标要求	
6	主轴轴线对溜板移动的平行度	通过检验棒和千分表打表检测，并动手调整	符合国标要求	
7	尾座套筒孔轴线对溜板移动的平行度	通过检验棒和千分表打表检测，并动手调整	符合国标要求	
8	主轴和尾座两顶尖的等高性	通过检验棒和千分表打表检测，并动手调整	符合国标要求	
9	数控车床的定位精度	通过激光干涉仪检测，并补偿调整	符合国标要求	
10	数控车床的反向间隙	通过激光干涉仪或者千分表检测，并补偿调整	符合国标要求	
11	数控车床的重复定位精度	通过激光干涉仪检测，并补偿调整	符合国标要求	

执行工作计划

数控车床一级维护保养操作规范

检查项目	序号	检查内容	检查方法	学习问题反馈
电气系统	1	操作面板各按钮是否完整	看、试	
	2	电机运行声音是否正常	听	
	3	系统是否异常	看	
	4	电气控制柜冷却风扇运行是否正常	手感应	
润滑	1	润滑油位	看	
	2	各导轨是否有润滑油	手摸	
机械	1	刀具工装是否有松动	动手紧固	
	2	主轴和进给系统是否异常	听、试	
	3	电动刀架和尾座机构是否正常	试	

续表

检查项目	序号	检查内容	检查方法	学习问题反馈
清洁	1	设备外表是否清洁	手摸	
	2	工具柜里面的工量具定制管理	看	
	3	设备铁屑是否清理干净	看	
	4	冷却风扇过滤网是不清理干净	气吹	
	5	现场是否有三漏	擦拭、看	

 考核与评价

职业素养考核

作为一门专业实践课，课程思政的考核重点是职业素养、操作规范和劳动教育，是贯穿整个课程的过程性考核，具体评价项目及标准见表 3-1。

表 3-1　职业素养考核评价标准

考核项目	考核内容	配分	扣分	得分
实训纪律	服从安排；场地清扫等。违反一项扣 5 分	10		
安全生产	安全着装；按规程操作等。违反一项扣 5 分	10		
职业规范	机床预热、按照标准进行设备点检。违反一项扣 5 分	10		
文明生产	工具、量具、刀具定制摆放、工作台面的整洁等。违反一项扣 5 分	10		
清洁、清扫	清理机床内部的铁屑，确保机床表面各位置的整洁，清扫机床周围的卫生，做好设备的保养。违反一项扣 5 分	20		
整理、整顿	工具、量具的整理与定制管理。违反一项扣 5 分	20		
职业素养	严格执行设备的日常点检工作。违反一项扣 5 分	20		
合　计		100		

 笔记

 总结与提高

1. 任务实施情况分析

任务完成后，学员根据任务实施情况，分析存在的问题及原因，并填写表 3-2。指导老师对任务实施情况进行讲评。

表 3-2　数控车床维护与保养任务实施情况分析表

任务实施过程	存在的问题	解决的办法
设备保养		
工量具定置管理		

续表

任务实施过程	存在的问题	解决的办法
现场环境清洁		
现场 6S 管理		

2. 总结

　　产品精度、质量、生产效率与维护保养的关系：在企业生产中，数控机床能否达到加工精度、产品质量稳定、提高生产效率的目标，这不仅取决于机床本身的精度和性能，很大程度上也与操作者在生产中能否正确地使用和对数控机床进行维护保养。数控机床不能等到设备出问题了，再依靠维修人员如何排除故障和及时修复故障。只有坚持做好对机床的日常维护保养工作，才可以长期保证数控机床精度，延长数控机床的使用寿命，也才能充分发挥数控机床的加工优势。

　　因此无论对数控机床的操作者还是数控机床维修人员，数控机床的维护和保养都非常重要，必须高度重视，做好日常检查定期维护。

笔记

模块 2

岗位基本技能

任务四　阶梯轴零件数控车削加工

工作任务卡

任务编号	4	任务名称	阶梯轴零件数控车削加工
设备型号	CK6140i	工作区域	数控实训中心-数控车削教学区
版　本	V1	建议学时	6 学时
参考文件	1+X 数控车铣加工职业技能等级标准、FANUC 数控系统操作说明书		
课程思政	1. 执行安全、文明生产规范，严格遵守车间制度和劳动纪律； 2. 着装规范（工作服、劳保鞋），不携带与生产无关的物品进入车间； 3. 实训现场工具、量具和刀具等相关物料的定制化管理； 4. 检查量具检定日期； 5. 严禁徒手清理铁屑，气枪严禁指向人； 6. 培养学生爱岗敬业、热爱劳动、规范操作、严守流程、团队协作的职业素养		

工具/设备/材料：

类别	名　　称	规格型号	单位	数量
工具	卡盘扳手		把	1
	刀架扳手		把	1
	加力杆		把	1
	内六角扳手		套	1
	活动扳手		把	1
	垫片		片	若干
	铁屑钩		把	1
	卫生清洁工具		套	1
量具	钢直尺	0～300mm	把	1
	游标卡尺	0～200mm	把	1
刀具	90°外圆车刀		把	1
	切断刀		把	1
耗材	棒料（45 钢）①			按图样

> 📝 笔记

1. 工作任务

加工如图 4-1 所示零件，毛坯为 $\phi42mm \times 100mm$ 的棒料，材料为 45 钢

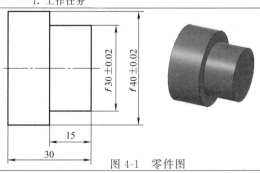

图 4-1　零件图

2. 工作准备

（1）技术资料：工作任务卡 1 份、教材、FANUC 系统数控操作说明书。

（2）工作场地：有良好的照明、通风和消防设施等条件。

（3）工具、设备：按《工具和设备》栏目准备相关工具和设备。

（4）建议分组实施教学。每 2～3 人为一组，每组配备一台数控车床。通过分组讨论完成零件的工艺分析及加工工艺方案设计，通过演示和操作训练完成零件的加工。

（5）劳动防护：穿戴劳保用品、工作服。

① 耗材各学校可根据具体情况选用，可用尼龙棒代替，其他任务同此。

引导问题

① 完成该任务零件的加工需要用到哪些车刀？
② 如何确定零件的编程原点？
③ 怎样编写数控车削加工程序？
④ 数控车床上完成一个零件的具体操作流程，有哪些注意事项？
⑤ 数控车床加工是否安全，有什么操作规范？

知识链接

1. 确定工件编程原点

数控车削零件的编程原点通常要求与实际的工件原点一致。由于数控车削零件为回转体零件，工件原点 X 轴位置应选择在工件的回转中心即工件的中心轴线上。工件原点 Z 轴位置通常选择为工件的设计基准或者工艺基准位置，如果没有特殊要求通常选择在工件的右端端面位置，如图 4-2 所示。

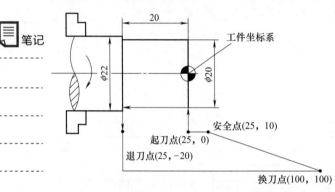

图 4-2　数控车外圆精加工走刀路线

2. 确定零件加工的走刀路线

走刀路线一般是指刀具从起刀点开始，直至零件加工完成后返回到换刀点并结束加工程序为止刀具所经过的路径，包括切削加工的路径及刀具引入、切出等非切削空行程。数控加工走刀路线是由编程人员根据零件的图样要求、工艺要求制定的，通常先快速接近工件（安全点），以缩短空行程时间在起刀点下刀，再从工件外侧切向进入工件，完成型面加工结束后，快速退刀至退刀点或换刀点，以避免在后续换刀时与工件发生碰撞。如图 4-2 所示。

3. 零件主要轮廓节点的坐标计算

根据确定好的工件原点，计算出零件外形轮廓上一些重要节点的坐标值，可以将零件外形轮廓节点的坐标值标注在数控加工路线图上，以方便后面编写程序。

4. 确定切削用量

（1）选择切削用量的一般原则

① 粗车切削用量选择　粗车时一般以提高生产效率为主，兼顾经济性和加工成本。提高切削速度、加大进给量和背吃刀量都能提高生产效率，由于切削速度对刀具使用寿命影响最大，背吃刀量对刀具使用寿命影响最小，所以，在考虑粗车切削用量时，首先尽可能选择大的背吃刀量，其次选择大的进给速度，最后，在保证刀具使用寿命和机床功率允许的条件下选择一个合理的切削速度。

② 精车、半精车切削用量选择　精车和半精车的切削用量选择要保证加工质量，兼顾生产效率和刀具使用寿命。精车和半精车的背吃刀量是由零件加工精度和表面粗糙度要求，以及粗车后留下的加工余量决定的，一般情况一刀切去余量。精车和半精

车的背吃刀量较小，产生的切削力也较小，所以，在保证表面粗糙度的情况下，适当加大进给量。

（2）背吃刀量 a_p 的确定 在车床主体、夹具、刀具和零件这一系统刚性允许的条件下，尽可能选取较大的背吃刀量，以减少走刀次数，提高生产效率。

粗加工时，在允许的条件下，尽量一次切除该工序的全部余量，背吃刀量一般为 $2\sim5$mm。半精加工时，背吃刀量一般为 $0.5\sim1$mm。精加工时，背吃刀量为 $0.1\sim0.4$mm。

（3）进给量 f 的确定 进给量是指工件每转一周，刀具沿进给方向移动的距离，它与背吃刀量有着密切的关系。粗车时一般取 $0.3\sim0.8$mm/r，精车时常取 $0.1\sim0.3$mm/r，切断时宜取 $0.05\sim0.2$mm/r。

进给速度是指在单位时间里，刀具沿进给方向移动的距离。进给速度可按下式计算：

$$v_f = f \times n$$

式中 v_f——进给速度，mm/min；

n——主轴转速，r/min；

f——进给量，mm/r。

粗加工时，进给量根据工件材料、车刀刀杆直径、工件直径和背吃刀量按表 4-1 进行选取。从表 4-1 可以看出，在背吃刀量一定时，进给量随着刀杆尺寸和工件尺寸的增大而增大；加工铸铁时，切削力比加工钢件时小，可以选取较大的进给量。

表 4-1 硬质合金车刀粗车外圆及端面的进给量

工件材料	车刀刀杆尺寸 $B \times H$ /(mm×mm)	工件直径 d/mm	背吃刀量 a_p/mm			
			≤3	>3~5	>5~8	>8~12
			进给量 f/(mm/r)			
碳素钢 合金钢	16×25	20	0.3~0.4	—	—	—
		40	0.4~0.5	0.3~0.4	—	—
		60	0.5~0.7	0.4~0.6	0.3~0.5	—
		100	0.6~0.9	0.5~0.7	0.5~0.6	0.4~0.5
		400	0.8~1.2	0.7~1.0	0.6~0.8	0.5~0.6
	20×30 25×25	20	0.3~0.4	—	—	—
		40	0.4~0.5	0.3~0.4	—	—
		60	0.5~0.7	0.5~0.7	0.4~0.6	—
		100	0.8~1.0	0.7~0.9	0.5~0.7	0.4~0.7
		400	1.2~1.4	1.0~1.2	0.8~1.0	0.6~0.9
铸铁及 铜合金	16×25	40	0.4~0.5	—	—	—
		60	0.5~0.8	0.5~0.8	0.4~0.6	—
		100	0.8~1.2	0.7~1.0	0.6~0.8	0.5~0.7
		400	1.0~1.4	1.0~1.2	0.8~1.0	0.6~0.8
	20×30 25×25	40	0.4~0.5	—	—	—
		60	0.5~0.9	0.5~0.8	0.4~0.7	—
		100	0.9~1.3	0.8~1.2	0.7~1.0	0.5~0.8
		400	1.2~1.8	1.2~1.6	1.0~1.3	0.9~1.1

精加工与半精加工时，进给量可根据加工表面粗糙度要求按表选取，同时考虑切削速度和刀尖圆弧半径因素，如表 4-2 所示。

（4）主轴转速的确定

① 外圆车削时主轴转速 在外圆车削时，主轴转速的确定应根据零件上被加工部位的直径，并按零件和刀具的材料及加工性质等条件所允许的切削速度来确定。在实

笔记

际生产中，主轴转速计算公式为：

$$n = 1000v_c / \pi d$$

式中　n——主轴转速，r/min；

　　　v_c——切削速度，m/min；

　　　d——零件待加工表面的直径，mm。

表 4-2　按表面粗糙度选择进给量的参考值

工件材料	表面粗糙度 $Ra/\mu m$	切削速度 $v_c/(m/min)$	刀尖圆弧半径 r/mm		
			0.5	1.0	2.0
			进给量 $f/(mm/r)$		
碳钢	>1.25~2.5	<50	0.10	0.11~0.15	0.15~0.22
		50~100	0.11~0.16	0.16~0.25	0.25~0.35
		>100	0.16~0.20	0.20~0.25	0.25~0.35
	>2.5~5	<50	0.18~0.25	0.25~0.30	0.30~0.40
		>50	0.25~0.30	0.30~0.35	0.30~0.50
	>5~10	<50	0.30~0.50	0.45~0.60	0.55~0.70
		>50	0.40~0.55	0.55~0.65	0.65~0.70
铸铁	>5~10	不限	0.25~0.40	0.40~0.60	0.50~0.60
铝合金	>2.5~5		0.15~0.25	0.25~0.40	0.40~0.60
青铜	>1.25~2.5		0.10~0.15	0.15~0.20	0.20~0.35

📝笔记

在确定主轴转速时，首先需要确定其切削速度，而切削速度又与背吃刀量和进给量有关。切削速度确定方法有计算、查表和根据经验确定。切削速度参考值见表 4-3。

表 4-3　切削速度参考值

零件材料	刀具材料	a_p/mm			
		0.38~0.13	2.40~0.38	4.70~2.40	9.50~4.70
		$f/(mm/r)$			
		0.13~0.05	0.38~0.13	0.76~0.38	1.30~0.76
		$v_c/(m/min)$			
低碳钢	高速工具钢	90~120	70~90	45~60	20~40
	硬质合金	215~365	165~215	120~165	90~120
中碳钢	高速工具钢	70~90	45~60	30~40	15~20
	硬质合金	130~165	100~130	75~100	55~75
灰铸铁	高速工具钢	50~70	35~45	25~35	20~25
	硬质合金	135~185	105~135	75~105	60~75
黄铜青铜	高速工具钢	105~120	85~105	70~85	45~70
	硬质合金	215~245	185~215	150~185	120~150
铝合金	高速工具钢	105~150	70~105	45~70	30~45
	硬质合金	215~300	135~215	90~135	60~90

② 车螺纹时主轴转速　车削螺纹时，车床的主轴转速将受到螺纹的螺距（或导程）大小、驱动电机的升降频特性及螺纹插补运算速度等多种因素影响，故对于不同的数控系统，推荐有不同的主轴转速选择范围。如大多数经济型车床数控系统推荐车螺纹的主轴转速计算公式为：

$$n \leqslant \frac{1200}{P_h} - k$$

式中　n——主轴转速，r/min；

P_h——工件螺纹的导程，mm，英制螺纹为相应换算后的毫米值；

k——保险系数，一般取为80。

5. 相关编程指令说明

（1）G90 内、外圆车削简单循环指令　G90 是内、外圆车削简单循环指令，主要用于圆柱面和圆锥面的切削循环。其刀具轨迹如图 4-3 所示，刀具从循环起点开始循环，最后又回到循环起点，R 表示快进，F 表示工进速度。

指令格式：G90 X（U）＿ Z（W）＿ R ＿ F ＿；

式中　X，Z——绝对编程，圆柱（锥）面切削终点的坐标值。

　　U，W——增量编程，圆柱（锥）面切削终点相对循环起点的坐标值。

　　　　R——圆锥面切削起点与圆锥面切削终点的半径差。编程时，应注意 R 的符号，锥面切削起点坐标大于切削终点坐标时为 R 为正；反之为负。当 R＝0 时，用于圆柱面车削。

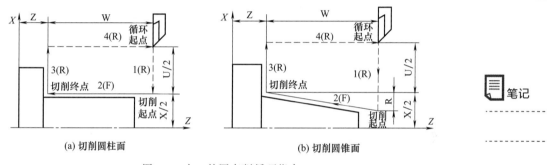

(a) 切削圆柱面　　　　　　(b) 切削圆锥面

图 4-3　内、外圆车削循环指令

> 笔记

（2）G94 端面车削简单循环指令　G94 是端面车削简单循环指令，主要用于车削零件端面的切削循环。其刀具轨迹如图 4-4 所示，刀具从循环起点开始循环，最后又回到循环起点，R 表示快进，F 表示工进速度。

指令格式：G94 X（U）＿ Z（W）＿ F ＿；

式中　X，Z——绝对编程，端面切削终点的坐标值；

　　U,W——增量编程，端面切削终点相对循环起点的坐标值。

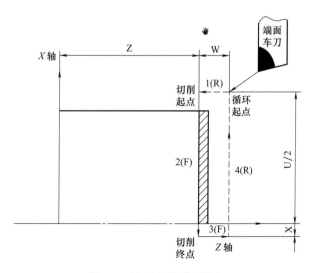

图 4-4　端面车削循环指令

6. 图 4-2 零件编程范例

	O0001	程序名
准备工作	N10 T0101	建立当前工件坐标系同时调入刀补寄存器中的形状偏置量补偿值
	N20 M03 S600	主轴正转转速 600r/min
刀具移动至起刀点	N30 G99 G01 X25 Z10 F2	安全点,建议采用单段运行检查安全点位置是否正确
	N40 G01 X25 Z0.2 F1	零件起刀点,建议采用单段运行检查起刀点位置是否正确
进行粗加工	N50 G01 X20.4 F0.2	X 轴单边余量:0.2mm
	N60 G01 Z−19.8	Z 轴单边余量:0.2mm
	N70 G01 X25	退刀点
走到换刀点	N80 G01 X100 F2	记住(先退 X 轴再退 Z 轴)
	N90 G01 Z100 F2	快速退刀至换刀点
程序暂停	N100 T0100	取消刀补
	N110 M05	主轴停止
	N120 M00	程序暂停(清理铁屑、测量零件尺寸精度进行磨损补偿。)
换刀	N130 T0101	调用 1 号刀补,精车刀
调整切削参数	N140 M03 S1400	精车主轴转速 1400r/min
刀具移动至起刀点	N150 G01 X25 Z10 F2	安全点
	N160 G01 X25 Z0 F1	切削起点
进行精加工	N170 G01 X−1 Z0 F0.05	进给速度 0.05mm/r
	N200 G01 X20 Z0	
	N210 G01 Z−20	
	N220 G01 X25	
退到换刀点	N230 G01 X100 F2	X 轴快速退刀到换刀点
	N240 G01 Z100 F2	Z 轴快速退刀至换刀点
程序结束部分	N250 T0200	取消刀补
	N260 M05	主轴停止
	N270 M30	程序结束、排屑、测量尺寸

 笔记

制订工作计划

1. 绘制编程示意图

绘制要求：(1) 尺寸标注和线型线宽符合要求；

(2) 绘制工件原点所在位置，用符号在零件图中标注出来。

2. 切削用量确定（表 4-4）

表 4-4　切削用量选择

序号	刀具号	刀具名称	主轴转速	进给速度	背吃刀量/mm	备注

3. 绘制加工路线

绘制任务零件用到的各类型刀具的加工路线，路径要从起点开始包含刀具从换刀点到安全点再到加工切入点、零件轮廓切削过程、最后从加工切出点到退刀点。（每种类型刀具单独绘制）

（1）90°外圆车刀

（2）切槽（切断）刀

4. 编写零件加工程序

📋 笔记

程序内容	程序说明

执行工作计划

序号	操作流程	工 作 内 容	学习问题反馈
1	开机检查	检查机床→开机→低速热机→回机床参考点(先回 X 轴,再回 Z 轴)	
2	工件装夹	自定心卡盘夹住棒料一头,注意伸出长度	
3	刀具安装	依次安装外圆车刀、切断车刀	
4	对刀操作	采用试切法对刀。为保证零件的加工精度,建议将精加工刀具作为基准刀	
5	程序传输	将编写好的加工程序通过传输软件上传到数控系统中	
6	程序校验	锁住机床。调出所需加工程序,在"图形校验"功能下,实现零件加工刀具运动轨迹的校验	
7	零件加工	运行程序,完成零件加工。选择单步运行,结合程序观察走刀路线和加工过程。粗车后,测量工件尺寸,针对加工误差进行适当补偿	
8	零件检测	用量具检测加工完成的零件	

笔记 考核与评价

1. 职业素养考核

作为一门专业实践课,课程思政的考核重点是职业素养、操作规范和劳动教育,是贯穿整个课程的过程性考核,具体评价项目及标准见表 4-5。

表 4-5 职业素养考核评价标准

考核项目		考核内容	配分	扣分	得分
加工前准备	纪律	服从安排;场地清扫等。违反一项扣 1 分	2		
	安全生产	安全着装;按规程操作等。违反一项扣 1 分	2		
	职业规范	机床预热、按照标准进行设备点检。违反一项扣 1 分	4		
加工操作过程	打刀	每打一次刀扣 2 分	4		
	文明生产	工具、量具、刀具定制摆放、工作台面的整洁等。违反一项扣 1 分	4		
	违规操作	用砂布、锉刀修饰;锐边没倒钝,或倒钝尺寸太大等没按规定的操作行为,扣 1~2 分	4		
加工结束后设备保养	清洁、清扫	清理机床内部的铁屑,确保机床表面各位置的整洁,清扫机床周围的卫生,做好设备的保养。违反一项扣 1 分	4		
	整理、整顿	工具、量具的整理与定制管理。违反一项扣 1 分	2		
	设备保养	严格执行设备的日常点检工作。违反一项扣 1 分	4		
出现撞机床或工伤		出现撞机床或工伤事故整个测评成绩记 0 分			
合 计			30		

2. 零件加工质量考核

具体评价项目及标准见表 4-6。

表 4-6 阶梯轴零件加工项目评分标准及检测报告

序号	检测项目	检测内容	检测要求	配分	学员自评	教师评价	
					自测尺寸	检测结果	得分
1	外轮廓尺寸	$\phi30\pm0.02$	超差不得分	20			
2		$\phi40\pm0.02$	超差不得分	20			
3	长度尺寸	15 ± 0.02	超差不得分	10			
4		30 ± 0.02	超差不得分	10			
5	其他	表面粗糙度	超差不得分	5			
6		锐角倒钝	超差不得分	2			
7		去毛刺	超差不得分	3			
合　计				70			

 总结与提高

1. 任务实施情况分析

任务完成后，学员根据任务实施情况，分析存在的问题及原因，并填写表 4-7。指导老师对任务实施情况进行讲评。

表 4-7 阶梯轴零件加工任务实施情况分析表

任务实施过程	存在的问题	解决的办法
机床操作		
加工程序		
加工工艺		
加工质量		
安全文明生产		

📝 笔记

2. 总结

① 装夹工件时，工件不宜伸出太长，伸出长度比加工零件长度尺寸长 10～15mm

即可。

② 刀具安装时，刀具在刀架上的伸出部分要尽量短，用于调整刀尖中心高的垫片要整齐，以提高其刚性；另外车刀刀尖要与工件中心等高。

③ 安装刀具时紧固固定螺栓时不宜使用加力杆，防止螺栓变形无法更换。

④ 在进行对刀操作时，机床工作模式最好用手轮模式，手轮倍率开关一般选择×10 或×1 的挡位。

⑤ 本任务提供的切削参数只是一个参考值，实际加工时应根据选用的设备、刀具的性能以及实际加工过程的情况及时修调。

⑥ 熟练掌握量具的使用方法，提高测量的精度。

⑦ 对刀时应先以精车刀作为基准刀，以确保工件的尺寸精度。

3. 扩展实践训练零件图样二维码

📄 笔记

任务五 复杂外形轮廓零件数控车削加工

工作任务卡

任务编号	5	任务名称	复杂外轮廓零件数控车削加工
设备型号	CK6140i	工作区域	数控实训中心-数控车削教学区
版 本	V1	建议学时	6学时
参考文件	1+X数控车铣加工职业技能等级标准、FANUC数控系统操作说明书		
课程思政	1. 执行安全、文明生产规范,严格遵守车间制度和劳动纪律; 2. 着装规范(工作服、劳保鞋),不携带与生产无关的物品进入车间; 3. 实训现场工具、量具和刀具等相关物料的定制化管理; 4. 检查量具检定日期; 5. 严禁徒手清理铁屑,气枪严禁指向人; 6. 培养学生爱岗敬业、热爱劳动、规范操作、严守流程、团队协作的职业素养		

工具/设备/材料:

类别	名 称	规格型号	单位	数量
工具	卡盘扳手		把	1
	刀架扳手		把	1
	加力杆		把	1
	内六角扳手		套	1
	活动扳手		把	1
	垫片		片	若干
	铁屑钩		把	1
	卫生清洁工具		套	1
量具	钢直尺	0～300mm	把	1
	游标卡尺	0～200mm	把	1
刀具	90°外圆车刀		把	1
	切断刀		把	1
耗材	棒料(45钢)			按图样

笔记

1. 工作任务

加工如图5-1所示零件,毛坯为$\phi42mm\times100mm$的棒料,材料为45钢

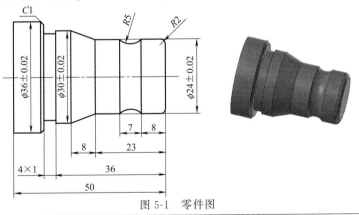

图5-1 零件图

2. 工作准备

(1)技术资料:工作任务卡1份、教材、FANUC系统数控操作说明书。

(2)工作场地:有良好的照明、通风和消防设施等条件。

(3)工具、设备:按《工具和设备》栏目准备相关工具和设备。

(4)建议分组实施教学。每2～3人为一组,每组配备一台数控床。通过分组讨论完成零件的工艺分析及加工工艺方案设计,通过演示和操作训练完成零件的加工。

(5)劳动防护:穿戴劳保用品、工作服

引导问题

① 如何选择外圆车刀的各个角度？
② 数控车削复合循环指令有哪些？
③ 粗加工刀具和精加工刀具的对刀顺序是什么？
④ 数控车削加工过程中不断屑怎么处理？
⑤ 如何保证零件的尺寸加工精度？

 知识链接

当车削零件的外形轮廓较复杂或者零件的加工余量较大时，很难通过手工编程用 G01、G02、G03 的基本插补指令和简单的固定循环指令来完成零件的加工，为了减少程序段的数量，缩短编程时间，减少程序所占的内存，可采用复合循环指令编程。在加工外成形面时，常用的复合固定循环包括：外圆加工粗车复合循环指令 G71、精加工车削复合循环指令 G70、端面切削粗车复合循环指令 G72、仿形加工粗车复合循环指令 G73。

1. 外圆粗车循环指令 G71

（1）指令格式

指令格式：G71 U（Δd）R（e）；

　　　　　　G71 P（ns）Q（nf）U（Δu）W（Δw）F __；

式中　Δd——切深，半径量；

　　　e——退刀量；

　　　ns——精加工轮廓程序段中开始程序段的段号；

　　　nf——精加工轮廓程序段中结束程序段的段号；

　　　Δu——径向（X）精加工余量，直径量；

　　　Δw——轴向（Z）精加工余量；

　　　F——粗加工循环中的进给速度。

外圆粗车循环指令 G71 适用于外圆柱面需多次走刀才能完成的粗加工，如图 5-2 所示为其加工轨迹。在程序中给出 $A \rightarrow A' \rightarrow B$ 的精加工零件形状，留出精加工余量 Δu、Δw，给出切深 Δd，则系统自动计算出每层的切削终点坐标，完成粗加工循环。

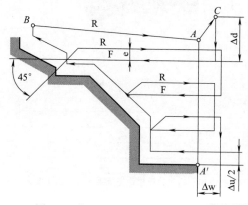

图 5-2　外圆粗车循环 G71 加工轨迹

（2）G71 指令类型　在 FANUC 系统中，G71 复合循环指令切削零件轮廓有两种类型。

① Ⅰ型指令　Ⅰ型指令中要求零件轮廓外形的径向尺寸必须是单调递增或递减的形式。

② Ⅱ型 G71 复合循环指令　如图 5-3 所示，当零件的径向轮廓尺寸不是单调递增或递减时，如果还是按照Ⅰ型 G71 指令加工，当加工图示凹圆弧 AB 段时，因其不满足单调递增或递减的要求，故阴影部分的加工余量在粗车循环时，没有分层切

削而在半精加工时一次性切除。

因此在车削如图 5-3 所示的零件时，需要用到Ⅱ型 G71 复合循环指令。Ⅱ型 G71 复合循环指令在精加工轮廓程序部分的循环起始段（ns 程序段）指令中必须包含有 Z 轴坐标值，数控系统将 G71 复合循环指令切换为Ⅱ型。

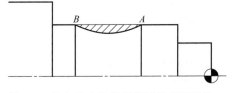

图 5-3　径向尺寸非单调增减的车削零件

（3）G71 指令说明

① ns～nf 程序段中的 F、S、T 指令只是对精车加工循环有效，而粗车循环的 F、S、T 指令功能需要在 G71 指令的第二行或者在 G71 程序段之前指定才有效。

② 精加工余量 Δu、Δw 有正负之分，当余量方向与坐标轴正向一致时为正；否则为负。

③ 在循环的起始段程序中（在顺序号为"ns"的程序段）必须编写 G00 或 G01 指令，否则数控系统会报警提示程序循环指令错误。

（4）精车循环指令 G70

指令格式：G70 P（ns）Q（nf）F ＿；

式中　ns——精加工轮廓程序段中开始程序段的段号；

　　　nf——精加工轮廓程序段中结束程序段的段号；

　　　F——精加工循环中的进给速度。

笔记

指令说明：

① 必须在 G71、G72 或 G73 等粗加工循环指令后，才可使用 G70 精车循环指令。

② G70 精加工循环结束后，刀具快速返回循环始点。

③ 在被 G70 使用的顺序号 ns～nf 间程序段中，不能调用子程序。

④ G70 程序段如果编写了 F 进给速度指令，则在 ns～nf 程序段中的 F 进给速度指令无效。

编程示例：加工如图 5-4 所示零件，毛坯为 $\phi52$mm 的棒料，材料为 45 钢。

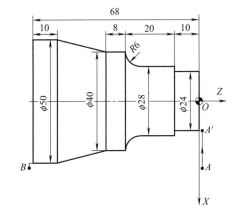

图 5-4　外圆粗车循环指令 G71 编程实例

参考程序：

O1802

N10 T0101	选择 1 号刀，建立刀补
N20 M03 S500	启动主轴
N30 G00 X53 Z1	快进至 G71 循环起点
N40 G71 U2 R1	
N50 G71 P60 Q140 U0.6 W0.1 F0.2	G71 循环粗加工外轮廓
N60 G42 G00 X24 Z1	刀具右补偿，$A \rightarrow A'$，径向进刀
N70 G01 Z－10	车 $\phi24$ 外圆
N80 X28	车台阶
N90 Z－24	车 $\phi28$ 外圆
N100 G02 X40 Z－30 R6	车 R6 圆弧
N110 G01 Z－38	车 $\phi40$ 外圆

N120 X50 Z－58	车圆锥
N130 Z－69	车 $\phi50$ 外圆
N140 X53	→B，径向退刀
N150 G70 P60 Q140 F0.1 S1000	G70 循环精加工外轮廓
N160 G40 G00 X100 Z100	取消刀尖圆弧半径补偿，快速退刀
N170 M05	停主轴
N180 T0100	取消 1 号刀刀补
N190 M30	程序结束

2. 端面粗车循环指令 G72

指令格式：G72 W（Δd）R（e）；

G72 P（ns）Q（nf）U（Δu）W（Δw）F＿；

指令说明：

① 指令中各项的意义与 G71 相同，使用方式如同 G71。

② G72 指令不能用于加工端面有内凹的形体。

③ 在顺序号为"ns"的程序段中必须有 G00 或 G01 指令，且不可有 X 轴方向移动指令。

端面粗车循环指令适用于 Z 向余量较小，而 X 向加工余量大的圆柱棒料毛坯的粗加工，如图 5-5 所示为其加工轨迹。在程序中给出 A→A′→B 的精加工零件形状，留出精加工余量 Δu、Δw，给出切深 Δd，则系统自动计算出每层的切削终点坐标，完成粗加工循环。

编程示例：加工如图 5-6 所示零件，毛坯为 ϕ60mm 的棒料，材料为 45 钢。

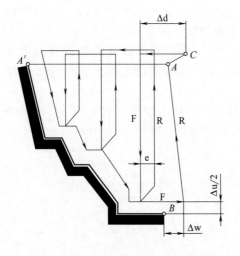

图 5-5　端面粗车循环 G72 加工轨迹

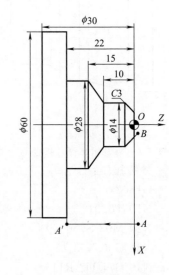

图 5-6　端面粗车循环
指令 G72 编程实例

参考程序：

O1803

N10 T0101	选择 1 号刀，建立刀补
N20 M03 S500	启动主轴

N30 G00 X61 Z1　　　　　　快进至 G72 循环起点
N40 G72 W2 R1
N50 G72 P60 Q110 U0.6 W0.2 F0.2　G72 循环粗加工外轮廓
N60 G00 X61 Z−22　　　　　　$A→A'$，轴向进刀
N70 G01 X28　　　　　　　　车台阶
N80 Z−15　　　　　　　　　车 $\phi28$ 外圆
N90 X14 Z−10　　　　　　　车圆锥
N100 Z−7　　　　　　　　　车 $\phi14$ 外圆
N110 X6 Z1　　　　　　　　→B，车倒角
N120 G70 P60 Q110 F0.1 S1000　G70 循环精加工外轮廓
N130 G00 X100 Z100　　　　　快速退刀
N140 M05　　　　　　　　　停主轴
N150 T0100　　　　　　　　取消 1 号刀刀补
N160 M30　　　　　　　　　程序结束

3. 固定形状粗车循环指令 G73

指令格式：G73 U（Δi）W（Δk）R（d）；
　　　　　G73 P（ns）Q（nf）U（Δu）W（Δw）F __；

式中　Δi——X 轴向总退刀量，半径量；
　　　Δk——Z 轴向总退刀量；
　　　d——重复加工次数；
　　　ns——精加工轮廓程序段中开始程序段的段号；
　　　nf——精加工轮廓程序段中结束程序段的段号；
　　　Δu——径向（X）精加工余量，直径量；
　　　Δw——轴向（Z）精加工余量；
　　　F——粗加工循环中的进给速度。

G73 指令适用于毛坯轮廓形状与零件轮廓形状基本接近的铸、锻毛坯。如图 5-7 所示，执行 G73 指令时，每一刀的切削路线的轨迹形状是相同的，只是位置不同。每走完一刀，就把切削轨迹向工件吃刀方向移动一个位置，这样就可以将铸、锻件待加工表面的切削余量分层均匀地切去。

编程示例：加工如图 5-8 所示零件（$\phi48$ 外圆已加工），毛坯为锻件，单边余量2mm，材料为 45 钢。

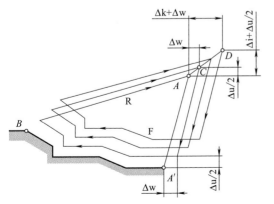

图 5-7　固定形状粗车循环指令 G73 加工轨迹

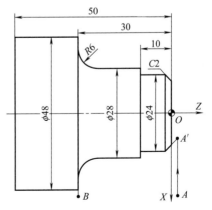

图 5-8　固定形状粗车循环指令 G73 编程实例

参考程序：

O1804

N10 T0101	选择 1 号刀，建立刀补
N20 M03 S500	启动主轴
N30 G00 X50 Z2	快进至 G73 循环起点
N40 G73 U2 W2 R2	
N50 G73 P60 Q110 U0.6 W0.1 F0.2	G73 循环粗加工外轮廓
N60 G00 X16 Z2	A→A′
N70 G01 X24 Z−2	车倒角
N80 Z−10	车 ϕ24 外圆
N90 X28	车台阶
N100 Z−24	车 ϕ28 外圆
N100 G02 X40 Z−30 R6	车 R6 圆弧
N110 G01 X50	→B，车台阶
N120 G70 P60 Q110 F0.1 S1000	G70 循环精加工外轮廓
N130 G00 X100 Z100	快速退刀
N140 M05	停主轴
N150 T0100	取消 1 号刀刀补
N160 M30	程序结束

制订工作计划

1. 绘制零件图

绘制要求：（1）尺寸标注和线型线宽符合要求；

（2）绘制工件原点所在位置，用符号在零件图中标注出来。

2. 切削用量确定（表 5-1）

表 5-1 切削用量选择

序号	刀具号	刀具名称	主轴转速	进给速度	背吃刀量/mm	备注

3. 绘制走刀路线

绘制任务零件用到的各类型刀具的走刀路线，路径要从起点开始包含刀具从换刀点到安全点再到加工切入点、零件轮廓切削过程、最后从加工切出点到退刀点。（每种类型刀具单独绘制）

（1）90°外圆车刀

（2）切槽（切断）刀

4. 编写零件加工程序

程序内容	程序说明

执行工作计划

序号	操作流程	工 作 内 容	学习问题反馈
1	打开数控机床	检查机床→开机→低速热机→回机床参考点(先回 X 轴,再回 Z 轴)	
2	工件装夹	注意工件的装夹位置和零件伸出长度	
3	刀具安装	依次安装外圆车刀、切断车刀	
4	对刀	采用试切法对刀。为保证零件的加工精度,建议将精加工刀具作为基准刀	
5	程序校验	锁住机床。调出所需加工程序,在"图形校验"功能下,实现零件加工刀具运动轨迹的校验	
6	零件加工	运行程序,完成零件加工。选择单步运行,结合程序观察走刀路线和加工过程。粗车后,测量工件尺寸,针对加工误差进行适当补偿	
7	零件检测	用量具检测加工完成的零件	

 考核与评价

笔记

1. 职业素养考核

作为一门专业实践课,课程思政的考核重点是职业素养、操作规范和劳动教育,是贯穿整个课程的过程性考核,具体评价项目及标准见表 5-2。

表 5-2 职业素养考核评价标准

考核项目		考核内容	配分	扣分	得分
加工前准备	纪律	服从安排;场地清扫等。违反一项扣 1 分	2		
	安全生产	安全着装;按规程操作等。违反一项扣 1 分	2		
	职业规范	机床预热、按照标准进行设备点检。违反一项扣 1 分	4		
加工操作过程	打刀	每打一次刀扣 2 分	4		
	文明生产	工具、量具、刀具定制摆放、工作台面的整洁等。违反一项扣 1 分	4		
	违规操作	用砂布、锉刀修饰;锐边没倒钝,或倒钝尺寸太大等没按规定的操作行为,扣 1~2 分	4		
加工结束后设备保养	清洁、清扫	清理机床内部的铁屑,确保机床表面各位置的整洁,清扫机床周围的卫生,做好设备的保养。违反一项扣 1 分	4		
	整理、整顿	工具、量具的整理与定制管理。违反一项扣 1 分	2		
	素养	严格执行设备的日常点检工作。违反一项扣 1 分	4		
出现撞机床或工伤		出现撞机床或工伤事故整个测评成绩记 0 分			
合 计			30		

2. 零件加工质量考核

具体评价项目及标准见表 5-3。

表 5-3　复杂外轮廓零件加工项目评分标准及检测报告

序号	检测项目	检测内容	检测要求	配分	学员自评	教师评价	
					自测尺寸	检测结果	得分
1	外形轮廓尺寸	$\phi24\pm0.02$	超差不得分	15			
2		$\phi30\pm0.02$	超差不得分	15			
3		$\phi36\pm0.02$	超差不得分	15			
4		4×1槽	超差不得分	2			
5		R2圆角	超差不得分	2			
6		R5凹槽	超差不得分	2			
7		外形轮廓的加工完整情况	一处轮廓未加工完整不得分	4			
8	长度尺寸	50	超差不得分	5			
9	其他	表面粗糙度	超差不得分	5			
10		锐角倒钝	超差不得分	2			
11		去毛刺	超差不得分	3			
合　计				70			

总结与提高

1. 任务实施情况分析

任务完成后，学员根据任务实施情况，分析存在的问题及原因，并填写表 5-4。指导老师对任务实施情况进行讲评。

表 5-4　复杂外轮廓零件加工任务实施情况分析

任务实施过程	存在的问题	解决的办法
机床操作		
加工程序		
加工工艺		
加工质量		
安全文明生产		

笔记

2. 总结

① 在车削有凹槽外轮廓的零件，选择外圆车刀时应考虑车刀的负偏角在加工过程中是否会干涉造成零件过切的问题。

② 在复杂外形轮廓加工程序编写时选用合适的复合循环指令，如零件的轴向的毛坯余量比径向的大通常选择 G71 外形切削复合循环指令，反之则选用 G72 端面切削复合循环指令，如果毛坯选用的是成形毛坯则建议采用 G73 仿形加工复合循环指令。

③ 有直槽的部分在外形加工编程时应先将槽的外形封闭起来，将按照槽开口位置的直径尺寸加工。

④ 精车时如果零件不同位置的表面质量要求不一样，为了提高切削效率，建议精车进给速度应在精车的轮廓程序段给定，不要放在 G70 精车指令的后面。

⑤ 本任务提供的切削参数只是一个参考值，实际加工时应根据选用的设备、刀具的性能以及实际加工过程的情况及时修调。

⑥ 熟练掌握量具的使用，提高测量的精度。

3. 扩展实践训练零件图样二维码

 笔记

任务六　螺纹零件数控车削加工

 工作任务卡

任务编号	6	任务名称	螺纹零件数控车削加工
设备型号	CK6140i	工作区域	数控实训中心-数控车削教学区
版　本	V1	建议学时	8 学时
参考文件	1＋X 数控车铣加工职业技能等级标准、FANUC 数控系统操作说明书		
课程思政	1. 执行安全、文明生产规范,严格遵守车间制度和劳动纪律; 2. 着装规范(工作服、劳保鞋),不携带与生产无关的物品进入车间; 3. 实训现场工具、量具和刀具等相关物料的定制化管理; 4. 检查量具检定日期; 5. 严禁徒手清理铁屑,气枪严禁指向人; 6. 培养学生爱岗敬业、热爱劳动、规范操作、严守流程、团队协作的职业素养		

工具/设备/材料:

类别	名　称	规格型号	单位	数量
工具	卡盘扳手		把	1
	刀架扳手		把	1
	加力杆		把	1
	内六角扳手		套	1
	活动扳手		把	1
	垫片		片	若干
	铁屑钩		把	1
	卫生清洁工具		套	1
量具	钢直尺	0～300mm	把	1
	游标卡尺	0～200mm	把	1
刀具	90°外圆车刀		把	1
	切断刀		把	1
	螺纹车刀		把	1
耗材	棒料(45 钢)			按图样

📄 **笔记**

1. 工作任务

加工如图 6-1 所示零件,毛坯为 ϕ42mm×100mm 的棒料,材料为 45 钢

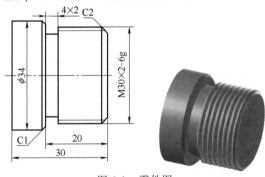

图 6-1　零件图

2. 工作准备

(1)技术资料:工作任务卡 1 份、教材、FANUC 系统数控操作说明书。

(2)工作场地:有良好的照明、通风和消防设施等条件。

(3)工具、设备:按《工具和设备》栏目准备相关工具和设备。

(4)建议分组实施教学。每 2～3 人为一组,每组配备一台数控车床。通过分组讨论完成零件的工艺分析及加工工艺方案设计,通过演示和操作训练完成零件的加工。

(5)劳动防护:穿戴劳保用品、工作服

引导问题

① 普通螺纹主要参数有哪些？
② 螺纹加工尺寸怎样确定？

知识链接

1. 普通螺纹主要参数的计算

普通螺纹的主要参数有大径、中径、小径、螺距、牙型角、牙型高度等，如图 6-2 所示。它们也是车削螺纹时必须控制的部分。普通螺纹主要参数的计算公式见表 6-1。

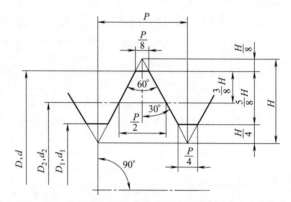

图 6-2 普通螺纹的主要参数

表 6-1 普通螺纹主要参数的计算公式

基本参数	外螺纹	内螺纹	计算公式
牙型角	α		$\alpha = 60°$
螺纹大径(公称直径)	d	D	$d = D$
螺纹中径	d_2	D_2	$d_2 = D_2 = d - 0.6495P$
螺纹小径	d_1	D_1	$d_1 = D_1 = d - 1.0825P$
牙型高度	h_1		$h_1 = 0.5413P$

注：式中 P 螺距。

2. 螺纹加工尺寸的确定

（1）车螺纹前直径尺寸的确定

① 外螺纹 加工外螺纹时，由于受车刀挤压后，螺纹大径尺寸膨胀。因此，车螺纹前的外圆直径应比螺纹大径小。当螺距为 1.5～3.5mm 时，车螺纹前的外圆直径应比螺纹公称直径小 0.2～0.4mm。

② 内螺纹 加工内螺纹时，由于受车刀挤压后，内孔直径会缩小。所以，车削内螺纹前的孔径比内螺纹小径略大。实际生产中，可按下式计算：

加工塑性金属材料时，$D_底 \approx D - P$；

加工脆性金属材料时，$D_底 \approx D - 1.05P$；

式中 P——螺距，mm。

（2）螺纹轴向起点和终点尺寸的确定 由于车螺纹起始时有一个加速过程，结束前有一个减速过程，在这段距离中，螺距不可能保持恒定。因此车螺纹时，两端必须

笔记

设置足够的升速进刀段（空刀导入量）δ_1 和减速退刀段（空刀导出量）δ_2，如图 6-3 所示。

δ_1、δ_2 一般按下式选取：$\delta_1 \geqslant 1 \times$ 导程；$\delta_2 \geqslant 0.75 \times$ 导程。

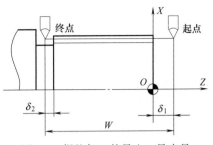

图 6-3　螺纹加工的导入、导出量

3. 螺纹加工方法

（1）螺纹加工方法　影响螺纹加工方法的因素有加工外螺纹还是内螺纹、主轴旋向和螺纹旋向、刀具进给方向等。常用螺纹加工方法如图 6-4 所示。

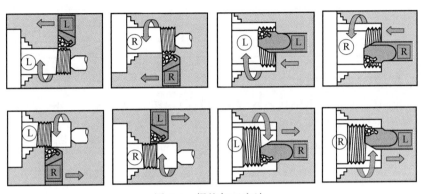

图 6-4　螺纹加工方法

Ⓛ和Ⓡ—螺纹旋向；🄻和🅁—左手刀和右手刀

（2）进刀方式　常见的螺纹加工进刀方式如图 6-5 所示。

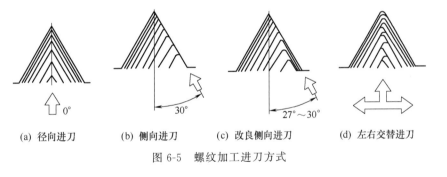

(a) 径向进刀　　(b) 侧向进刀　　(c) 改良侧向进刀　　(d) 左右交替进刀

图 6-5　螺纹加工进刀方式

① 径向进刀方式　径向进刀方式，如图 6-5（a）所示，由于刀片两侧刃同时切削，切削力较大，排屑困难。因此主要适用于加工螺距较小的螺纹。

② 侧向进刀方式　侧向进刀方式，如图 6-5（b）所示，由于是单刃切削，切削力较小，易于排屑。因此主要适用于加工螺距较大的螺纹。但加工时，刀片可能有拖曳或摩擦的现象而使刃口崩刃，另外切屑的单向排出，会破坏另一侧牙面的表面质量。

③ 改良侧向进刀方式　改良侧向进刀方式，如图 6-5（c）所示，该种进刀方式集中了前两种进刀方式的优点，既减小了切削力，又避免了牙面表面质量的下降。

④ 左右交替进刀方式　左右交替进刀方式，如图 6-5（d）所示，由于刀片两侧刃平均使用，提高了刀片寿命。该种进刀方式一般用于螺距大于 3mm 的螺纹和梯形螺纹的加工。

（3）螺纹切削的进刀次数和背吃刀量　螺纹车削加工为成型车削，切削进给量较

📝 笔记

大，而刀具强度较差。因此，一般要求分数次进给加工。常用的螺纹切削进刀次数和背吃刀量见表 6-2。

表 6-2 常用螺纹切削的进刀次数与背吃刀量

螺距(公制螺纹)/mm		1.0	1.5	2	2.5	3	3.5	4
牙深(半径值)/mm		0.649	0.974	1.299	1.624	1.949	2.273	2.598
切削次数及背吃刀量(直径值)/mm	1 次	0.7	0.8	0.9	1.0	1.2	1.5	1.5
	2 次	0.4	0.6	0.6	0.7	0.7	0.7	0.8
	3 次	0.2	0.4	0.6	0.6	0.6	0.6	0.6
	4 次		0.16	0.4	0.4	0.4	0.6	0.6
	5 次			0.1	0.4	0.4	0.4	0.4
	6 次				0.15	0.4	0.4	0.4
	7 次					0.2	0.2	0.4
	8 次						0.15	0.3
	9 次							0.2

4. 车螺纹时主轴转速

车削螺纹时，车床的主轴转速将受到螺纹的螺距（或导程）大小、驱动电机的升降频特性及螺纹插补运算速度等多种因素影响，故对于不同的数控系统，推荐有不同的主轴转速选择范围。如大多数经济型车床数控系统推荐车螺纹的主轴转速计算公式为：

$$n \leqslant \frac{1200}{P_h} - k$$

式中　　n——主轴转速，r/min；

　　　　P_h——工件螺纹的导程，mm，英制螺纹为相应换算后的毫米值；

　　　　k——保险系数，一般取为 80。

5. 螺纹加工刀具

（1）螺纹加工刀具　普通螺纹加工常用刀具如图 6-6 所示。

（2）螺纹刀片　机夹螺纹车刀常用刀片形式如图 6-7 所示。图 6-7（a）为全牙型螺纹刀片，其尺寸是按照螺纹标准制定的，同一刀片只能加工一种螺距的螺纹；但最后一刀能加工出准确的螺纹牙型，不需要再去毛刺。图 6-7（b）为无牙顶螺纹刀片，同一刀片能加工规定范围内的不同螺距的螺纹，对非标准螺纹的加工有较大的柔性。

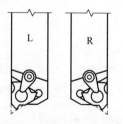

(a) 外螺纹车刀

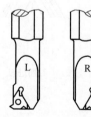

(b) 内螺纹车刀

图 6-6 螺纹车刀

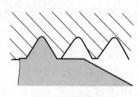

(a) 全牙型螺纹刀片

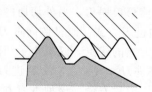

(b) 无牙顶螺纹刀片

图 6-7 螺纹刀片形式

6. 外螺纹车刀安装注意事项

（1）外螺纹车刀安装角度 如图 6-8 所示，外螺纹车刀为了确保刀具安装角度准确，通常利用螺纹对刀样板进行装刀，如果选用规整的机夹式螺纹车刀，也可以将刀杆直接紧贴着刀架的侧面安装，螺纹车刀如果安装角度不正确会造成加工的螺纹出现牙型向一边倾斜即倒牙的现象，造成螺纹无法配合报废的情况。

（2）螺纹车刀对中心高 外螺纹车刀也需要对工件的回转中心高，如果切削的螺纹导程（螺距）较大时，也可以将螺纹车刀刀尖垫得比机床的回转中心高 0.1～0.2mm。

（3）外螺纹车刀的对刀操作

① 先进行 Z 轴方向的对刀 由于螺纹加工时一般对螺纹的轴向长度尺寸要求不高，通常在螺纹的起始位置会加一段导入量确保加工螺纹的螺距准确性，而且在螺纹的尾端通常会有螺纹退刀槽。螺纹切削时为确保螺纹的完整性也会增加一段导出量，所以螺纹车刀 Z 轴方向的对刀精度要求不高。

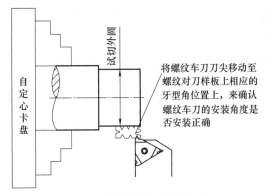

图 6-8 外圆切槽刀安装角度

如图 6-9 所示，手动启动主轴正转，调整转速（参考转速：300r/min）→通过手摇的方式移动工作台，使螺纹车刀刀尖基本上在端面位置（注意外螺纹车刀刀尖要靠近工件，这样才能观察清楚刀尖在端面位置）。

如图 6-10 所示，按下 MDI 键盘的"OFF/SET"按钮→切换至"偏置"界面→选择"形状"页面→将光标移动至相应刀号的"形状偏置"位置→输入"Z0"并单击"测量"，这时系统自动将 Z 轴与当前刀尖距离为 0 位置的 Z 轴机械坐标值输入到该刀具对应的刀具形状偏置补偿值中（注意在输入 Z 轴工件原点坐标值之前不要移动 Z 轴）。

笔记

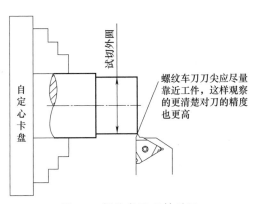

图 6-9 螺纹车刀 Z 轴对刀

图 6-10 Z 轴工件原点坐标值输入界面

② 再进行 X 轴方向的对刀 由于螺纹切削时进给速度是主轴每转一周，刀具要移动一个螺纹的导程，所以在进行螺纹切削时切削力较大会造成一定的让刀现象，在螺纹的首件试切时通常进行多次修正才能达到最终的精度要求，所以 X 轴方向对刀时也采用触碰工件表面的方式，但是注意触碰的工件表面应选择前面外圆车刀试切过的外圆

面，如图 6-11 所示，手动启动主轴正转，调整转速（参考转速：300r/min）→通过手摇的方式移动工作台，控制螺纹车刀尖正好触碰到工件的试切外圆面（注意螺纹刀靠近工件时手摇速度要慢，注意观察刀尖正好刮出细微的铁屑）→这时刀尖处于工件的外圆柱面位置，刀尖与工件原点距离正好为工件试切时外圆的直径值→如图 6-12 所示，按下 MDI 键盘的"OFF/SET"按钮→切换至"偏置"界面→选择"形状"页面→将光标移动至相应刀号的"形状偏置"位置→输入"X 试切外圆直径值"并单击"测量"，这时系统自动将 X 轴与当前刀尖距离为"试切外圆直径值"的 X 轴机械坐标值输入到该刀具对应的刀具形状偏置补偿值中（注意在输入试切直径值之前不要移动 Z 轴）。

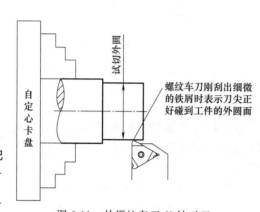

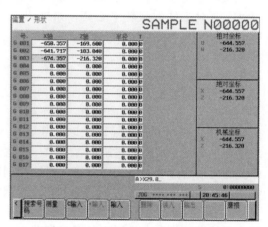

图 6-11 外螺纹车刀 X 轴对刀　　　　图 6-12 X 轴工件原点坐标值输入界面

笔记

7. 螺纹编程指令

（1）基本螺纹切削指令 G32

指令格式：G32 X(U)__ Z(W)__ F __;

式中　X，Z——螺纹终点的绝对坐标；

U，W——螺纹终点相对循环起点的增量坐标；

F——螺纹导程。

指令说明：

① 车螺纹期间的进给速度倍率、主轴速度倍率无效（固定 100%）。

② 车螺纹期间不要使用恒线速度控制，而要使用 G97。

③ 必须设置足够的升速进刀段和减速退刀段，避免因车刀升降速而影响螺距的稳定。

④ 因受机床结构及数控系统的影响，车螺纹时主轴的转速有一定的限制。

⑤ 加工圆锥螺纹时，在 X 方向和 Z 方向有不同的导程，程序中的导程 F 的取值以两者中的较大值为准。

（2）螺纹固定循环指令 G92

指令格式：G92 X(U)__ Z(W)__ R __ F __;

式中　X，Z——螺纹终点的绝对坐标；

U，W——螺纹终点相对循环起点的增量坐标；

R——圆锥螺纹切削起点和切削终点的半径差；当 R＝0 时，为圆柱螺纹，可省略；

F——螺纹导程。

G92 螺纹固定循环指令的刀具轨迹如图 6-13 所示。在加工时，只需一条指令，刀具便可加工完成四个轨迹的工作环节，这样大大优化了程序编制。

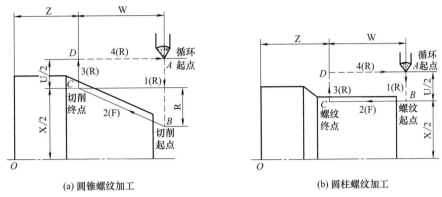

(a) 圆锥螺纹加工   (b) 圆柱螺纹加工

图 6-13 螺纹固定循环指令 G92

 # 制订工作计划

1. 绘制零件图

绘制要求：①尺寸标注和线型线宽符合要求；

②绘制工件原点所在位置，用符号在零件图中标注出来。

笔记

2. 切削用量确定（表 6-3）

表 6-3 切削用量选择

序号	刀具号	刀具名称	主轴转速	进给速度	背吃刀量/mm	备注

3. 绘制加工路线

绘制任务零件用到的各类型刀具的加工路线，路径要从起点开始包含刀具从换刀点到安全点再到加工切入点、零件轮廓切削过程、最后从加工切出点到退刀点。（每种类型刀具单独绘制）

（1）90°外圆车刀

（2）切槽（切断）刀

（3）外螺纹车刀

4. 编写零件加工程序

程序内容	程序说明

执行工作计划

序号	操作流程	工作内容	学习问题反馈
1	螺纹车刀的装刀及对刀	(1)螺纹车刀的选择； (2)螺纹车刀的装刀； (3)螺纹车刀的对刀	
2	项目零件的编程	(1)螺纹部分加工程序编写； (2)螺纹切削用量的选择； (3)螺纹进刀方式的选择； (4)螺纹编程指令的应用	
3	零件加工	螺纹零件加工时注意刀具切削情况	
4	零件检测	(1)用量具检测加工完成的零件，特别注意螺纹的测量。 (2)分析螺纹加工误差产生的原因及解决方案	

考核与评价

 笔记

1. 职业素养考核

作为一门专业实践课，课程思政的考核重点是职业素养、操作规范和劳动教育，是贯穿整个课程的过程性考核。具体评价项目及标准见表6-4。

表6-4　职业素养考核评价标准

考核项目		考核内容	配分	扣分	得分
加工前准备	纪律	服从安排；场地清扫等。违反一项扣1分	2		
	安全生产	安全着装；按规程操作等。违反一项扣1分	2		
	职业规范	机床预热、按照标准进行设备点检。违反一项扣1分	4		
加工操作过程	打刀	每打一次刀扣2分	4		
	文明生产	工具、量具、刀具定制摆放、工作台面的整洁等。违反一项扣1分	4		
	违规操作	用砂布、锉刀修饰；锐边没倒钝，或倒钝尺寸太大等没按规定的操作行为，扣1～2分	4		
加工结束后设备保养	清洁、清扫	清理机床内部的铁屑，确保机床表面各位置的整洁，清扫机床周围的卫生，做好设备的保养。违反一项扣1分	4		
	整理、整顿	工具、量具的整理与定制管理。违反一项扣1分	2		
	素养	严格执行设备的日常点检工作。违反一项扣1分	4		
出现撞机床或工伤		出现撞机床或工伤事故整个测评成绩记0分			
合计			30		

2. 零件加工质量考核

具体评价项目及标准见表6-5。

表 6-5　螺纹零件加工项目评分标准及检测报告

序号	检测项目	检测内容	检测要求	配分	学员自评	教师评价	
					自测尺寸	检测结果	得分
1	螺纹	M30×2-6g	超差不得分	30			
2	外圆	ϕ34	超差不得分	10			
3	长度	4×2	超差不得分	6			
4		20	超差不得分	7			
5		30	超差不得分	7			
6	其他	表面粗糙度	超差不得分	5			
7		锐角倒钝	超差不得分	2			
8		去毛刺	超差不得分	3			
		合　计		70			

总结与提高

1. 任务实施情况分析

　　任务完成后，学员根据任务实施情况，分析存在的问题及原因，并填写表 6-6。指导老师对项目实施情况进行讲评。

笔记

表 6-6　螺纹零件加工任务实施情况分析

任务实施过程	存在的问题	解决的办法
机床操作		
加工程序		
加工工艺		
加工质量		
安全文明生产		

2. 总结

　　① 螺纹牙型角度不是 60°，检查安装的刀具角度是否垂直于工件及刀片是否存在磨损及崩刃。

　　② 螺纹螺距与图样要求不符，检查螺纹加工程序进给 F 是否正确。

　　③ 螺纹通止规都能通过螺纹，测量螺纹公称直径，与图样相差是否较大，如果公称直径无问题，刀具磨损值输入值偏大或螺纹刀对刀误差较大。

　　④ 螺纹环规检测螺纹旋转不到底部，程序退刀导出量偏小。

　　⑤ 螺纹出现乱牙现象，螺纹每刀的起刀点位置不同或加工螺纹程序中的进给速度 F 值不相同。

3. 扩展实践训练零件图样二维码

练习 1　　　　　练习 2　　　　　练习 3　　　　　练习 4　　　　　练习 5

任务七　轴类零件数控车削加工

工作任务卡

任务编号	7	任务名称	轴类零件数控车削加工
设备型号	CK6140i	工作区域	数控实训中心-数控车削教学区
版　本	V1	建议学时	8 学时
参考文件	1＋X 数控车铣加工职业技能等级标准、FANUC 数控系统操作说明书		
课程思政	1. 执行安全、文明生产规范,严格遵守车间制度和劳动纪律; 2. 着装规范(工作服、劳保鞋),不携带与生产无关的物品进入车间; 3. 实训现场工具、量具和刀具等相关物料的定制化管理; 4. 检查量具检定日期; 5. 严禁徒手清理铁屑,气枪严禁指向人; 6. 培养学生爱岗敬业、技术精湛、敢于创新、精益求精的工匠精神		

工具/设备/材料:

类别	名　称	规格型号	单位	数量
工具	卡盘扳手		把	1
	刀架扳手		把	1
	加力杆		把	1
	内六角扳手		套	1
	活动扳手		把	1
	垫片		片	若干
	铁屑钩		把	1
	卫生清洁工具		套	1
量具	钢直尺	0～300mm	把	1
	游标卡尺	0～200mm	把	1
刀具	90°外圆车刀		把	1
	切槽刀		把	1
	外螺纹车刀		把	1
耗材	棒材(45 钢)			按图样

📝笔记

1. 工作任务

加工如图 7-1 所示零件,毛坯为 $\phi40mm\times70mm$ 的棒料,材料为 45 钢

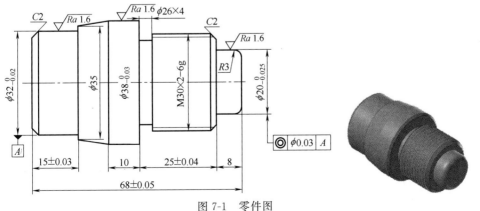

图 7-1　零件图

续表

2. 工作准备
(1)技术资料：工作任务卡1份、教材、FANUC系统数控操作说明书。
(2)工作场地：有良好的照明、通风和消防设施等条件。
(3)工具、设备：按《工具和设备》栏目准备相关工具和设备。
(4)建议分组实施教学。每2～3人为一组，每组配备一台数控车床。通过分组讨论完成零件的工艺分析及加工工艺方案设计，通过演示和操作训练完成零件的加工。
(5)劳动防护：穿戴劳保用品、工作服

 引导问题

① 该零件的数控加工工艺是怎样的？
② 该零件需要几次装夹加工？
③ 该零件掉头后怎样保证同轴度？

 知识链接

 笔记

1. 加工工艺的确定

（1）分析零件图样　该零件表面由外圆柱面、螺纹、圆弧等表面组成。其中多个轴向尺寸有较高的尺寸精度、表面质量和位置公差要求。

（2）工艺分析

① 加工方案的确定　根据零件的加工要求，各表面的加工方案确定为粗车→精车。

② 装夹方案的确定　完成该零件的加工需两次装夹。三爪卡盘夹持毛坯一端，粗精车左端外圆。掉头装夹左端已加工好的外圆（包铜皮或用软爪，避免夹伤），但该零件有较高的同轴度要求，为保证同轴要求，需打表校正该零件，再粗精车右端外圆、退刀槽及螺纹。

（3）进给路线的确定

① 左端外圆及内孔加工进给路线　左端外圆精加工走刀路线如图7-2所示，粗加工走刀路线略。

图7-2中各点坐标如表7-1所示。

表7-1　左端外圆精加工基点坐标

1	(41,1)	4	(32,−15)	7	(38,−37)
2	(26,1)	5	(35,−15)	8	(41,−37)
3	(32,−2)	6	(38,−25)		

② 右端外圆加工进给路线　右端精加工走刀路线如图7-3所示，粗加工走刀路线略。

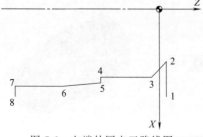
图7-2　左端外圆走刀路线图

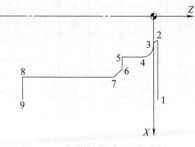
图7-3　右端外圆走刀路线图

图 7-3 中各点坐标如表 7-2 所示。

表 7-2　右端外圆精加工基点坐标

1	(41,1)	4	(20,−3)	7	(29.8,−10)
2	(12,1)	5	(20,−8)	8	(29.8,−33)
3	(0,0)	6	(26,−8)	9	(41,−33)

2. 二次装夹打表校正工件同轴度

（1）百分表结构　百分表是利用精密齿轮齿条机构构成的表式通用长度测量工具。通常由测量头、测量杆、套筒、表盘及指针等组成。百分表结构示意图如图 7-4 所示。

（2）百分表的主要应用　百分表主要用来测量形状与位置误差等机械测量，如圆度、圆跳动、同轴度、平面度、平行度、直线度等。百分表分度值为 0.01mm，测量范围为 0～3mm、0～5mm、0～10mm。

（3）使用百分表注意事项

① 使用前，应检查测量杆活动的灵活性。

② 使用时，必须把百分表固定在可靠的夹持架上。

③ 测量时，不要使测量杆的形成超越它的测量范围，不要使表头突然撞到工件上，不要用百分表测量有显著凸凹不平的零件表面。

④ 测量平面时，百分表的测量杆要与平面垂直，测量圆柱形工件时，测量杆要与工件的中心线垂直，否则，将使测量杆活动不灵或测量结果不准确。

⑤ 为方便读数，在测量前一般让大指针指到刻度盘的零位。

（4）轴类零件掉头后使用百分表校正同轴度方法　如图 7-5 所示。

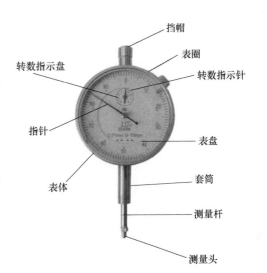

图 7-4　百分表结构示意图

📝 笔记

（5）百分表校正同轴度注意事项

① 打表位置应使测量头接触第一面已加工好的位置，不能接触毛坯面，同时使表针有一定的预压量。

② 工件装夹时需用铜片保护好已加工的表面，同时装夹力量不宜过大。

③ 表针顺时针转动则代表当前位置高出下表面，逆时针则相反。

④ 校正工件时，需使指针指到最大位置或者最小位置敲打工件，需使用铜棒或者铝棒轻敲工件。

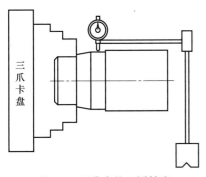

图 7-5　百分表校正同轴度

⑤ 转动三爪卡盘观察指针变化，反复校正工件，直至指针跳动在公差范围之内，再将工件夹紧，观察指针变化。

制订工作计划

工艺规程文件制订

机械加工工艺过程卡								
零件名称			材料	45 钢	零件图号			
工序号	工种			工序内容		夹具	设备名称	设备型号
编制			审核		时间		第　页	共　页

笔记

机械加工工序卡

零件名称		工序号		夹具名称	
设备名称		设备型号		材料名称		材料牌号	

程序编号	

工序简图（按装夹位置）

笔记

工步号	工步内容	切削用量			刀具		量具名称
		主轴转速 /(r/min)	进给速度 /(mm/r)	背吃刀量 /mm	名称及规格	刀号	

编制		审核		时间		第　页	共　页

机械加工工序卡

零件名称		工序号		夹具名称	

设备名称		设备型号		材料名称		材料牌号	

程序编号	

工序简图（按装夹位置）

工步号	工步内容	切削用量			刀具		量具名称
		主轴转速 /(r/min)	进给速度 /(mm/r)	背吃刀量 /mm	名称及规格	刀号	

编制		审核		时间		第 页	共 页

机械加工刀具卡

机械加工刀具卡		工序号	程序编号	产品名称	零件名称	材料	零件图号
序号	刀具号	刀具名称及规格		刀具材料		加工的表面	
编制		审核		第　　页		共　　　页	

 ## 执行工作计划

序号	操作流程	工作内容	学习问题反馈
1	制定零件的加工工艺规程	制定零件的加工工艺路线,合理安排加工工序,确定各工序的加工内容、刀具的选用以及切削参数的计算选取	
2	零件程序编制	根据设计的加工工艺规程和每道工序的加工内容,确定每个工序的尺寸	
3	零件加工	完成零件加工	
4	零件检测	用量具检测加工完成的零件	

考核与评价

1. 职业素养考核

作为一门专业实践课,课程思政的考核重点是职业素养、操作规范和劳动教育,是贯穿整个课程的过程性考核。具体评价项目及标准见表 7-3。

表 7-3　职业素养考核评价标准

考核项目		考核内容	配分	扣分	得分
加工前准备	纪律	服从安排,场地清扫等。违反一项扣1分	2		
	安全生产	安全着装,按规程操作等。违反一项扣1分	2		
	职业规范	机床预热、按照标准进行设备点检。违反一项扣1分	4		
加工操作过程	打刀	每打一次刀扣2分	4		
	文明生产	工具、量具、刀具定制摆放、工作台面的整洁等。违反一项扣1分	4		
	违规操作	用砂布、锉刀修饰;锐边没倒钝,或倒钝尺寸太大等没按规定的操作行为,扣1~2分	4		
加工结束后设备保养	清洁、清扫	清理机床内部的铁屑,确保机床表面各位置的整洁,清扫机床周围的卫生,做好设备的保养。违反一项扣1分	4		
	整理、整顿	工具、量具的整理与定制管理。违反一项扣1分	2		
	素养	严格执行设备的日常点检工作。违反一项扣1分	4		
出现撞机床或工伤		出现撞机床或工伤事故整个测评成绩记0分			
合　计			30		

笔记

2. 零件加工质量考核

具体评价项目及标准见表 7-4。

表 7-4　轴类零件加工项目评分标准及检测报告

序号	检测项目	检测内容	检测要求	配分	学员自评 自测尺寸	教师评价 检测结果	得分
1	同轴度	$\phi0.03$	超差不得分	10			
2	外圆	$\phi32_{-0.02}^{0}$	超差不得分	8			
3		$\phi38_{-0.03}^{0}$	超差不得分	6			
4		$\phi20_{-0.025}^{0}$	超差不得分	8			
5		$\phi26$	超差不得分	3			
6		$R3$	超差不得分	3			
7		$C2$	超差不得分	2			
8	长度	68 ± 0.05	超差不得分	6			
9		15 ± 0.03	超差不得分	4			
10		25 ± 0.04	超差不得分	4			
11	螺纹	$M30\times2\text{-}6g$	超差不得分	6			
12	其他	表面粗糙度	超差不得分	5			
13		锐角倒钝	超差不得分	2			
14		去毛刺	超差不得分	3			
合　计				70			

 总结与提高

1. 任务实施情况分析

任务完成后,学员根据任务实施情况,分析存在的问题及原因,并填写表 7-5。指导老师对任务实施情况进行讲评。

表 7-5　轴类零件加工任务实施情况分析表

任务实施过程	存在的问题	解决的办法
机床操作		
加工程序		
加工工艺		
加工质量		
安全文明生产		

2. 总结

① 同样的切削参数加工的零件表面质量比较差，通常是刀片磨损没有及时更换刀片。

② 加工零件的同轴度超差，造成同轴度误差的原因有可能打表校正工件后，没有再次夹紧工件，导致工件加工过程中切削过程中工件产生移动。

3. 扩展实践训练零件图样二维码

笔记

练习 1　　　　练习 2　　　　练习 3　　　　练习 4　　　　练习 5

任务八　内孔零件数控车削加工

任务引入

工作任务卡

任务编号	8	任务名称	内孔零件数控车削加工
设备型号	CK6140i	工作区域	数控实训中心-数控车削教学区
版　本	V1	建议学时	6 学时
参考文件	1＋X 数控车铣职业技能等级标准、FANUC 数控系统操作说明书		
课程思政	1. 执行安全、文明生产规范，严格遵守车间制度和劳动纪律； 2. 着装规范（工作服、劳保鞋），不携带与生产无关的物品进入车间； 3. 实训现场工具、量具和刀具等相关物料的定制化管理； 4. 检查量具检定日期； 5. 严禁徒手清理铁屑，气枪严禁指向人； 6. 培养学生爱岗敬业、热爱劳动、规范操作、严守流程、团队协作的职业素养		

工具/设备/材料：

类别	名　称	规格型号	单位	数量
工具	卡盘扳手		把	1
	刀架扳手		把	1
	加力杆		把	1
	内六角扳手		套	1
	活动扳手		把	1
	垫片		片	若干
	铁屑钩		把	1
	卫生清洁工具		套	1
量具	钢直尺	0～300mm	把	1
	游标卡尺	0～200mm	把	1
刀具	90°外圆车刀		把	1
	切断刀		把	1
	内孔车刀		把	1
耗材	棒料（45 钢）			按图样

笔记

1. 工作任务

加工如图 8-1 所示零件，毛坯为 $\phi42mm\times100mm$ 的棒料，材料为 45 钢

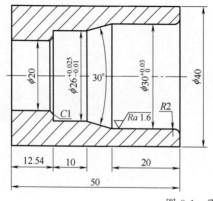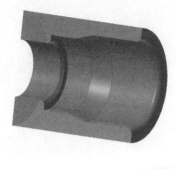

图 8-1　零件图

2. 工作准备
(1)技术资料:工作任务卡1份、教材、FANUC系统数控操作说明书。
(2)工作场地:有良好的照明、通风和消防设施等条件。
(3)工具、设备:按《工具和设备》栏目准备相关工具和设备。
(4)建议分组实施教学。每2～3人为一组,每组配备一台数控车床。通过分组讨论完成零件的工艺分析及加工工艺方案设计,通过演示和操作训练完成零件的加工。
(5)劳动防护:穿戴劳保用品、工作服

 引导问题

① 车床上孔的加工方法有哪些?

② 钻头的装夹方法有哪些?

 知识链接

孔加工方法

1. 孔加工方法

根据孔的工艺要求,加工孔的方法较多。在数控车床上常用的方法有钻孔、扩孔、铰孔、镗孔等。

笔记

(1)钻孔　如图8-2所示,用钻头在工件实体部位加工孔称为钻孔。钻孔属粗加工,可达到的尺寸公差等级为IT13～IT11,表面粗糙度值为$Ra25～6.3\mu m$。

(2)扩孔　如图8-3所示,扩孔是用扩孔钻对已钻出的孔做进一步加工,以扩大孔径并提高精度和降低表面粗糙度值。由于扩孔时的加工余量较少和扩孔刀上导向块的作用,扩孔后的锥形误差较小,孔径圆柱度和直线性都比较好。扩孔可达到的尺寸公差等级为IT11～IT10,表面粗糙度值为$Ra12.5～6.3\mu m$,属于孔的半精加工方法,常作铰削前的预加工,也可作为精度不高的孔的终加工。

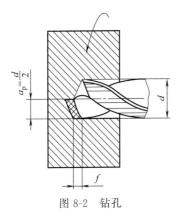

图8-2　钻孔

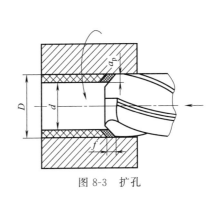

图8-3　扩孔

(3)铰孔　如图8-4所示,铰孔是在半精加工(扩孔或半精镗)的基础上对孔进行的一种精加工方法。铰孔的尺寸公差等级可达IT9～IT6,表面粗糙度值可达$Ra3.2～0.2\mu m$。

(4)镗孔　如图8-5所示,镗孔用来扩孔及用于孔的粗、精加工。镗孔能

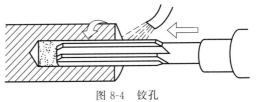

图8-4　铰孔

修正钻孔、扩孔等加工方法造成的孔轴线歪斜等缺陷，是在半精加工（扩孔或半精镗）的基础上对孔进行的一种精加工方法。镗孔加工精度一般可达 IT8～IT6，表面粗糙度值可达 $Ra6.3～0.8\mu m$。

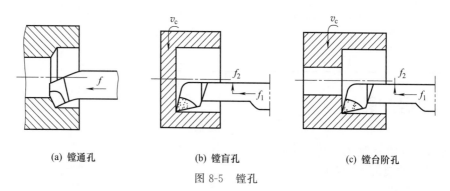

(a) 镗通孔　　　　(b) 镗盲孔　　　　(c) 镗台阶孔

图 8-5　镗孔

2. 钻头的装夹方法

在车床上安装麻花钻的方法一般有四种。

（1）用钻夹头安装　直柄麻花钻可用钻夹头装夹，再插入车床尾座套筒内使用。

（2）用钻套安装　锥柄麻花钻可直接插入尾座套筒内或通过变径套过渡使用。

（3）用开缝套夹安装　这种方法利用开缝套夹将钻头（直柄钻头）安装在刀架上［如图 8-6（a）所示］，不使用车床尾座安装，可应用自动进给。

（4）用专用工具安装　如图 8-6（b）所示，锥柄钻头可以插在专用工具锥孔 1 中，专用工具 2 方块部分夹在刀架中。调整好高低后，就可用自动进给钻孔。

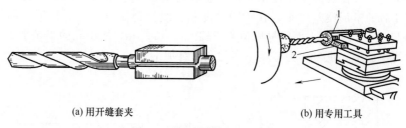

(a) 用开缝套夹　　　　　　　　(b) 用专用工具

图 8-6　钻头在刀架上的安装

3. 编程指令

（1）G01 指令加工内孔

【例 8-1】　如图 8-7 所示零件，用 G01 指令加工 $\phi30mm$ 孔（零件上已有 $\phi29mm$ 底孔）。

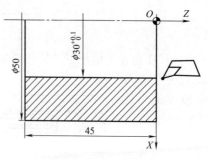

图 8-7　孔加工练习 1

参考程序：

O0001

N10 T0101	选择 1 号刀,建立刀补
N20 M03 S700	启动主轴
N30 G00 X55 Z5	快进至进刀点
N40 X30 Z2	快进至镗孔起点
N50 G01 Z－46 F0.1	G01 指令镗孔
N60 G00 X28	X 向退刀,离开 ϕ30 孔
N70 G00 Z100	Z 向退刀
N80 X100 M05	X 向退刀,停主轴
N90 T0100	取消 1 号刀刀补
N100 M30	程序结束

G71 循环加
工内孔

（2）G90 指令加工内孔

【例 8-2】　如图 8-7 所示零件,用 G90 指令加工 ϕ30 孔（零件上已有 ϕ29mm 底孔）。

参考程序：

O0002

N10 T0101	选择 1 号刀,建立刀补
N20 M03 S700	启动主轴
N30 G00 X55 Z5	快进至进刀点
N40 X26 Z2	快进至 G90 循环起点
N50 G90 X30 Z－46 F0.1	G90 指令镗孔
N60 G00 Z100	Z 向退刀
N70 X100 M05	X 向退刀,停主轴
N80 T0100	取消 1 号刀刀补
N90 M30	程序结束

注意：用 G01、G90 指令加工内孔与加工外圆有相似之处。但是由于加工内孔时受刀具和孔径的限制,不方便观察切削过程；此外,加工内孔时,在进、退刀方式上与加工外圆正好相反,所以在编程时要注意进刀与退刀的距离和方向,防止刀具与零件产生碰撞。

（3）G71 循环加工内孔

【例 8-3】　如图 8-8 所示零件,用 G71 指令加工阶梯孔（零件上已有 ϕ28mm 底孔）。

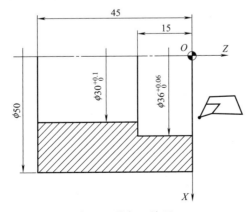

图 8-8　孔加工练习 2

参考程序：

	O0001(内孔编程)	程序名
准备工作	N10 T0101	建立当前工件坐标系同时调入刀补寄存器中的形状偏置量补偿值
	N20 M03 S400	主轴正转转速 400r/min
刀具移动至起刀点	N30 G99 G01 X40 Z10 F2	安全点,建议采用单段运行检查安全点位置是否正确
	N40 G01 X27 Z1　F1	零件起刀点,建议采用单段运行检查起刀点位置是否正确
进行粗加工	N50 G71 U1 R1	粗加工循环
	N60 G71 P70 Q110 U−0.6 W0 F0.2	
轮廓形状	N70 G01 X36 Z1	径向进刀
	N80 G01 X36 Z−15	倒角
	N90 G01 X30	车削螺纹外经
	N100 G01 Z−46	退刀
	N110 X27	退刀
退刀及暂停(计算刀具磨损值)	N120 G01 Z100 F2	快速退刀
	N130 G01 X100 F2	快速退刀
	N140 M05	主轴停止
	N150 M00	程序暂停
准备工作	N160 T0101	建立当前工件坐标系同时调入刀补寄存器中的形状偏置量补偿值
	N170 M03 S1000	主轴正转转速 1000r/min
刀具移动至起刀点	N180 G01 X40 Z10 F2	安全点,建议采用单段运行检查安全点位置是否正确
	N190 G01 X27 Z1	零件起刀点,建议采用单段运行检查起刀点位置是否正确
精加工循环	N200 G70 P70 Q110 F0.1	精车外轮廓
退刀	N210 G01 Z100 F2	快速退刀
	N220 G01 X100	快速退刀
	N230 M05	主轴停止
	N240 M30	程序结束

注意：用G71指令加工内孔的指令格式同外圆车削，但应注意精加工余量U地址后的数值为负值。

4. 内孔车刀安装注意事项

（1）内孔车刀安装角度　如图8-9所示，内孔车刀与外圆车刀相似，注意刀具的主偏角大概在93°～95°，如果选用规整的机夹式内孔车刀，也可以直接将刀杆紧贴着刀架的侧面安装，刀杆伸出的长度要大于要加工的内孔深度，同时要注意刀杆的直径要小于零件底孔的直径。

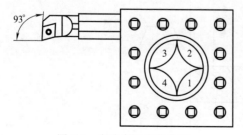

图 8-9　内孔车刀安装角度

（2）内孔车刀对中心高　内孔车刀对工件的回转中心高，一般刀尖跟工件回转中心等高即可，可以在未钻底孔之前将中心高先对好，如果底孔已经钻完了也可以通过对尾座顶尖法来对中心，如果内孔车刀的刀杆伸出长度较长且刀杆直径较小，考虑到切削变形也可以将内孔车刀刀尖垫得比机床的回转中心高 0.1～0.2mm。

（3）内孔车刀的对刀操作

① 先进行 Z 轴方向的对刀　由于同一个工件在一道工序中通常工件原点只有一个，所以除了第一把基准车刀（通常选择外圆精车刀）外，其他的车刀如果再去试切端面会造成 Z 轴工件原点不一致，所以内孔车刀在对 Z 轴时也不能试切端面，也只能通过触碰端面的方式进行对刀。

如图 8-10 所示，手动启动主轴正转，调整转速（参考转速：300r/min）→通过手摇的方式移动工作台，控制内孔车刀刀尖正好触碰到工件的端面（注意内孔车刀靠近端面时手摇速度要慢，注意观察刀尖正好刮出细微的铁屑）→这时内孔车刀的刀尖正好处于 Z 轴的工件原点位置。

如图 8-11 所示，按下 MDI 键盘的"OFF/SET"按钮→切换至"偏置"界面→选择"形状"页面→将光标移动至相应刀号的"形状偏置"位置→输入"Z0"并点击"测量"，这时系统自动将 Z 轴与当前刀尖距离为 0 位置的 Z 轴机械坐标值输入到该刀具对应的刀具形状偏置补偿值中（注意在输入 Z 轴工件原点坐标值之前不要移动 Z 轴）。

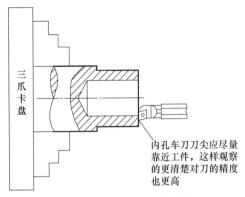

图 8-10　内孔车刀 Z 轴对刀

内孔车刀刀尖应尽量靠近工件，这样观察的更清楚对刀的精度也更高

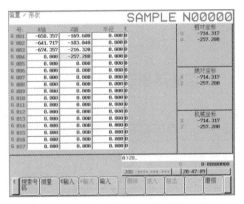

图 8-11　Z 轴工件原点坐标值输入界面

笔记

② 再对 X 轴方向的对刀　如图 8-12 所示，手动启动主轴正转，调整转速（参考转速：300r/min）→通过手摇的方式移动工作台，控制车刀试切零件的内孔（注意内孔的试切量为 1mm 左右、试切内孔的长度和手摇移动的进给速度）→内孔车刀在试切内孔时刀尖处于工件的内孔表面位置，这时刀尖正好与工件原点距离为工件试切时内孔的直径值。

将刀具沿 Z 轴正方向退出工件表面并停止主轴，使用量具测量试切内孔的直径值→如图 8-13 所示，按下 MDI 键盘的"OFF/SET"按钮→切换至"偏置"界面→选

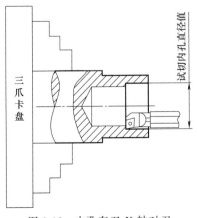

图 8-12　内孔车刀 X 轴对刀

图 8-13　X 轴工件原点坐标值输入界面

择"形状"页面→将光标移动至相应刀号的"形状偏置"位置→输入"X 实际测量值"并点击"测量",这时系统自动将 X 轴与当前刀尖距离为"试切内孔直径值"的 X 轴机械坐标值输入到该刀具对应的刀具形状偏置补偿值中（注意在输入内孔直径值之前不要移动 X 轴）。

 制订工作计划

制订计划

1. 绘制零件图

绘制要求：①尺寸标注和线型线宽符合要求；

②绘制工件原点所在位置,用符号在零件图中标注出来。

 笔记

2. 切削用量确定（表 8-1）

表 8-1　切削用量选择表

序号	刀具号	刀具名称	主轴转速	进给速度	背吃刀量/mm	备注

3. 绘制加工路线

绘制任务零件用到的各类型刀具的加工路线,路径要从起点开始包含刀具从换刀点到安全点再到加工切入点、零件轮廓切削过程、最后从加工切出点到退刀点。（每种类型刀具单独绘制）

（1）内孔车刀

（2）切槽（切断）刀

4. 编写零件加工程序

程序内容	程序说明	批注

执行计划

笔记

 执行工作计划

序号	操作流程	工作内容	学习问题反馈
1	内孔车刀的装刀及对刀	(1)内孔车刀的选择; (2)内孔车刀的装刀; (3)内孔车刀的对刀	
2	项目零件的编程	(1)内孔部分加工程序编写; (2)内孔切削用量的选择; (3)内孔进退刀点的选择; (4)内孔编程指令的应用	
3	零件加工	内孔零件加工时特别注意刀具切削情况	
4	零件检测	(1)用量具检测加工完成的零件,特别注意内孔的测量。 (2)分析内孔加工误差产生的原因及解决方案	

考核与评价

1. 职业素养考核

作为一门专业实践课,课程思政的考核重点是职业素养、操作规范和劳动教育,是贯穿整个课程的过程性考核。具体评价项目及标准见表8-2。

表 8-2 职业素养考核评价标准

考核项目		考核内容	配分	扣分	得分
加工前准备	纪律	服从安排；场地清扫等。违反一项扣1分	2		
	安全生产	安全着装；按规程操作等。违反一项扣1分	2		
	职业规范	机床预热、按照标准进行设备点检。违反一项扣1分	4		
加工操作过程	打刀	每打一次刀扣2分	4		
	文明生产	工具、量具、刀具定制摆放、工作台面的整洁等。违反一项扣1分	4		
	违规操作	用砂布、锉刀修饰；锐边没倒钝，或倒钝尺寸太大等没按规定的操作行为，扣1~2分	4		
加工结束后设备保养	清洁、清扫	清理机床内部的铁屑，确保机床表面各位置的整洁，清扫机床周围的卫生，做好设备的保养。违反一项扣1分	4		
	整理、整顿	工具、量具的整理与定制管理。违反一项扣1分	2		
	素养	严格执行设备的日常点检工作。违反一项扣1分	4		
出现撞机床或工伤		出现撞机床或工伤事故整个测评成绩记0分			
合 计			30		

考核、评价与总结

 笔记

2. 零件加工质量考核

具体评价项目及标准见表 8-3。

表 8-3 内孔零件加工项目评分标准及检测报告

序号	检测项目	检测内容	检测要求	配分	学员自评 自测尺寸	教师评价 检测结果	得分
1	内孔(50分)	$\phi 30^{+0.03}_{0}$	超差不得分	15			
2		$\phi 26^{+0.025}_{-0.01}$	超差不得分	15			
3		30°	超差不得分	4			
4		$\phi 20$	超差不得分	6			
5		C1	超差不得分	4			
6		R2	超差不得分	6			
7	长度(10分)	20	超差不得分	2			
8		50	超差不得分	5			
9		12.54	超差不得分	3			
10	其他(10分)	表面粗糙度	超差不得分	5			
11		锐角倒钝	超差不得分	2			
12		去毛刺	超差不得分	3			
合 计				70			

 总结与提高

1. 任务实施情况分析

任务完成后，学员根据任务实施情况，分析存在的问题及原因，并填写表8-4。指导老师对任务实施情况进行讲评。

表 8-4 内孔零件加工任务实施情况分析表

任务实施过程	存在的问题	解决的办法
机床操作		
加工程序		
加工工艺		
加工质量		
安全文明生产		

2. 总结

① 使用 G71 车削内孔第一刀车削量较大，可能是 X 轴对刀错误或者是循环起点设定错误。

② 粗车后零件尺寸大于基本尺寸，造成该原因可能是 X 轴对刀误差过大或者粗车循环指令中的余量缺少负号。

③ 精加工后尺寸大于或小于基本尺寸，可能是在计算刀具磨损值得时理想状态的数值计算错误，或者粗加工后的测量值读数错误。

📑 笔记

3. 扩展实践训练零件图样二维码

模块三

岗位核心技能

任务九　综合类零件数控车削加工

📋 **工作任务卡**

任务引入

📝笔记

任务编号	9	任务名称	综合类零件数控车削加工
设备型号	CK6140i	工作区域	数控实训中心-数控车削教学区
版　本	V1	建议学时	12学时
参考文件	1+X 数控车铣加工职业技能等级标准、FANUC 数控系统操作说明书		
课程思政	1. 执行安全、文明生产规范，严格遵守车间制度和劳动纪律； 2. 着装规范(工作服、劳保鞋)，不携带与生产无关的物品进入车间； 3. 实训现场工具、量具和刀具等相关物料的定制化管理； 4. 检查量具检定日期； 5. 严禁徒手清理铁屑，气枪严禁指向人； 6. 培养学生爱岗敬业、技术精湛、敢于创新、精益求精的工匠精神		

工具/设备/材料：

类别	名　称	规格型号	单位	数量
工具	卡盘扳手		把	1
	刀架扳手		把	1
	加力杆		把	1
	内六角扳手		套	1
	活动扳手		把	1
	垫片		片	若干
	铁屑钩		把	1
	卫生清洁工具		套	1
量具	钢直尺	0～300mm	把	1
	游标卡尺	0～200mm	把	1
刀具	90°外圆车刀		把	1
	切槽刀		把	1
	内孔车刀		把	1
	外螺纹车刀		把	1
耗材	棒料(45钢)			按图样

1. 工作任务

加工如图 9-1 所示零件，毛坯为 $\phi50mm \times 80mm$ 的棒料，并预钻 $\phi20$ 底孔，材料为 45 钢

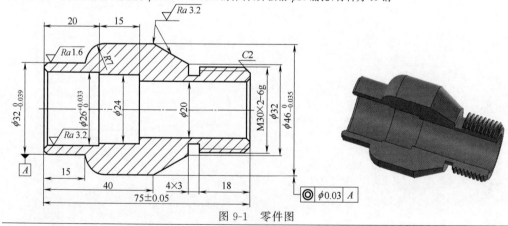

图 9-1　零件图

2. 工作准备

(1)技术资料：工作任务卡 1 份、教材、FANUC 系统数控操作说明书。

(2)工作场地：有良好的照明、通风和消防设施等条件。

(3)工具、设备：按《工具和设备》栏目准备相关工具和设备。

(4)建议分组实施教学。每 2～3 人为一组，每组配备一台数控车床。通过分组讨论完成零件的工艺分析及加工工艺方案设计，通过演示和操作训练完成零件的加工。

(5)劳动防护：穿戴劳保用品、工作服

080

? 引导问题

① 该零件的数控加工工艺是怎样安排的？
② 完成该零件需要几次装夹加工？

🌐 知识链接

分析工件
加工方案

确定工件
加工方案

1. 加工工艺的确定

（1）分析零件图样　该零件形状包括外圆柱面、外圆锥面、外沟槽、外螺纹、内孔等形状。零件重要的径向加工部位有 $\phi 32_{-0.039}^{0}$，$\phi 46_{-0.035}^{0}$，$\phi 26_{0}^{+0.033}$ 圆柱和 M30×2-6g，其中 $\phi 32_{-0.035}^{0}$ 圆柱表面粗糙度值为 $Ra1.6\mu m$，$\phi 26_{0}^{+0.033}$、$\phi 46_{-0.035}^{0}$ 及锥面表面粗糙度值为 $Ra3.2\mu m$，其他表面粗糙度要求不高，表面粗糙度值为 $Ra6.3\mu m$。

（2）工艺分析

① 加工方案的确定　根据零件的加工要求，各表面的加工方案确定为粗车→精车。

调头对刀、
保证尺寸

② 装夹方案的确定　此零件需经二次装夹才能完成加工。第一次采用三爪自定心卡盘装夹，完成 $\phi 32$、$\phi 46$ 外圆的加工，注意 $\phi 46$ 的 Z 尺寸要延伸 2mm 左右，及 $\phi 26$、24 内孔的加工。第二次用三爪自定心卡盘夹 $\phi 46$ 外圆（包铜皮或用软爪，避免夹伤），完成右端各个部分的加工（锥面要延伸 2mm 左右），工件要注意打表找正。

③ 零件调头后，需要重新对刀同时要注意保证工件的总长尺寸。

笔记

2. 加工工艺路线安排

（1）左端外轮廓加工　如图 9-2 所示。

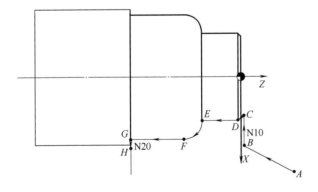

节点	X坐标	Z坐标
A	70	10
B	51	1
C	28	1
D	32	−1
E	32	−15
F	46	−22
G	46	−41
H	51	−41

图 9-2　左端外轮廓加工

（2）左端内孔加工　如图 9-3 所示。
（3）右端外轮廓加工　如图 9-4 所示。
（4）右端退刀槽加工　如图 9-5 所示。
（5）右端螺纹加工　如图 9-6 所示。

数控加工
工艺概念

工艺路线拟
定和工艺
文件填写

笔记

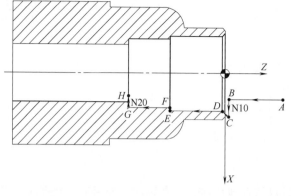

节点	X坐标	Z坐标
A	18	10
B	18	1
C	30	1
D	26	−1
E	26	−20
F	24	−20
G	24	−35
H	18	−35

图 9-3　左端内孔加工

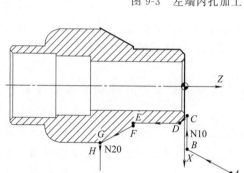

节点	X坐标	Z坐标
A	70	10
B	51	1
C	23.8	1
D	29.8	−2
E	29.8	−22
F	32	−22
G	47.08	−36
H	51	−36

图 9-4　右端外轮廓加工

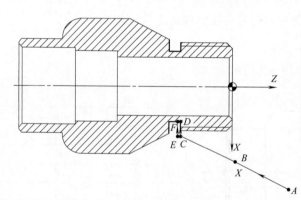

节点	X坐标	Z坐标
A	70	10
B	51	1
C	34	−21
D	24	−21
E	34	−22
F	24	−22

图 9-5　右端退刀槽加工

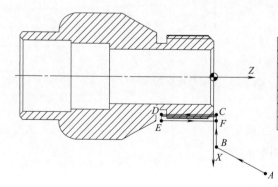

节点	X坐标	Z坐标
A	70	10
B	51	1
C	27.4	1
D	27.4	−20
E	31	−20
F	31	1

图 9-6　右端螺纹加工

制订工作计划

工艺规程文件制定

制订计划

机械加工工艺过程卡								
零件名称			材料	45 钢	零件图号			
工序号	工种	工序内容				夹具	设备名称	设备型号
编制		审核		时间		第 页		共 页

📄笔记

- - - - - - - - - - -

- - - - - - - - - - -

- - - - - - - - - - -

- - - - - - - - - - -

- - - - - - - - - - -

- - - - - - - - - - -

- - - - - - - - - - -

- - - - - - - - - - -

- - - - - - - - - - -

- - - - - - - - - - -

- - - - - - - - - - -

- - - - - - - - - - -

- - - - - - - - - - -

- - - - - - - - - - -

- - - - - - - - - - -

- - - - - - - - - - -

- - - - - - - - - - -

机械加工工序卡

零件名称		工序号		夹具名称	
设备名称		设备型号		材料名称		材料牌号	
程序编号							

工序简图（按装夹位置）

笔记

工步号	工步内容	切削用量			刀具		量具名称
		主轴转速 /(r/min)	进给速度 /(mm/r)	背吃刀量 /mm	名称及规格	刀号	

编制		审核		时间		第 页	共 页

机械加工工序卡

零件名称		工序号		夹具名称	
设备名称		设备型号		材料名称		材料牌号	

程序编号	

工序简图(按装夹位置)

笔记

工步号	工步内容	切削用量			刀具		量具名称
		主轴转速 /(r/min)	进给速度 /(mm/r)	背吃刀量 /mm	名称及规格	刀号	

编制		审核		时间		第 页	共 页

机械加工刀具卡

机械加工刀具卡		工序号	程序编号	产品名称	零件名称	材料	零件图号
序号	刀具号	刀具名称及规格		刀具材料		加工的表面	
编制			审核		第　　页		共　　页

执行计划

 笔记

 # 执行工作计划

序号	操作流程	工作内容	学习问题反馈
1	制定零件的加工工艺规程	制定零件的加工工艺路线,合理安排加工工序,确定各工序的加工内容、刀具的选用以及切削参数的计算选取	
2	零件程序编制	根据设计的加工工艺规程和每道工序的加工内容,确定每个工序的尺寸	
3	零件加工	完成零件加工	
4	零件检测	用量具检测加工完成的零件	

考核与评价

1. 职业素养考核

作为一门专业实践课,课程思政的考核重点是职业素养、操作规范和劳动教育,是贯穿整个课程的过程性考核。具体评价项目及标准见表 9-1。

表 9-1　职业素养考核评价标准

考核项目		考核内容	配分	扣分	得分
加工前准备	纪律	服从安排;场地清扫等。违反一项扣 1 分	2		
	安全生产	安全着装;按规程操作等。违反一项扣 1 分	2		
	职业规范	机床预热、按照标准进行设备点检。违反一项扣 1 分	4		
加工操作过程	打刀	每打一次刀扣 2 分	4		
	文明生产	工具、量具、刀具定制摆放、工作台面的整洁等。违反一项扣 1 分	4		
	违规操作	用砂布、锉刀修饰;锐边没倒钝,或倒钝尺寸太大等没按规定的操作行为,扣 1~2 分	4		

考核项目		考核内容	配分	扣分	得分
加工结束后设备保养	清洁、清扫	清理机床内部的铁屑,确保机床表面各位置的整洁,清扫机床周围的卫生,做好设备的保养。违反一项扣1分	4		
	整理、整顿	工具、量具的整理与定制管理。违反一项扣1分	2		
	素养	严格执行设备的日常点检工作。违反一项扣1分	4		
出现撞机床或工伤		出现撞机床或工伤事故整个测评成绩记0分			
合　计			30		

2. 零件加工质量考核

具体评价项目及标准见表9-2。

表9-2　综合类零件加工项目评分标准及检测报告

序号	考核项目	检测位置	配分	评分标准	检测结果	扣分
1	形状	外轮廓	5	外轮廓形状与图纸不符,每处扣1分		
		内孔	5	内孔形状与图纸不符,每处扣1分		
2	尺寸精度	$\phi 32_{-0.039}^{0}$	6	每超差0.01mm扣0.5分		
		$\phi 46_{-0.035}^{0}$	6	每超差0.01mm扣0.5分		
		$\phi 26_{0}^{+0.033}$	6	每超差0.01mm扣0.5分		
		$\phi 24\pm0.2$	2	超差不得分		
		$\phi 32\pm0.2$	2	超差不得分		
		螺纹 M30×2-6g	6	用螺纹环规检验,超差扣3分		
		75 ± 0.05	6	超差0.02扣0.5分		
		18 ± 0.2	2	超差不得分		
		15 ± 0.2	2	超差不得分		
		40 ± 0.2	2	超差不得分		
		20 ± 0.2	2	超差不得分		
		15 ± 0.2	2	超差不得分		
		槽 4×3	2	超差不得分		
		C2	2	未倒角不得分		
		C1	2	未倒角不得分		
3	表面粗糙度	Ra1.6(2处)	3	超差不得分		
		Ra3.2(2处)	2	超差不得分		
		其余 Ra6.3	2	超差不得分		
4	同轴度精度	同轴度 $\phi 0.03$	3	超差不得分		
5	碰伤、划伤			每处扣1分(只扣分,无得分)		
6	去毛刺			锐边没倒钝,或倒钝尺寸太大等每处扣0.5分(只扣分,无得分)		
合计			70			
				零件得分		

笔记

3. 工艺路线及工艺卡编制考核

具体评价项目及标准见表9-3。

表9-3　综合类零件工艺规程项目评分标准及得分报告

序号	评分项目	评分要点	扣分要点	项目总分	
				配分	得分
1	工艺路线	工艺路线应包含毛坯准备、热处理、加工过程安排、检测安排及一些辅助工序(如去毛刺等)的安排	每少一项必须安排的工序扣1分	20	

续表

序号	评分项目	评分要点	扣分要点	项目总分	
				配分	得分
2	表头信息	填写零件名称、设备名称及型号、材料名称及牌号、零件图号、夹具名称、程序号、工序名称	每少填一项扣 0.5 分	6	
3	工序简图	表述准确,图面清晰;工序简图应包括定位基准、夹紧部位、坐标轴、编程零点、加工尺寸、加工部位等	①每少一项扣 2 分; ②表述错误每处扣 1 分	20	
4	工序工步安排	(1)工序、工步层次分明,顺序正确。 (2)工件安装定位、夹紧正确。 (3)粗、精加工工步安排合理。 (4)合理设置切削用量	①工步安排不合理,或少安排工步,每处扣 2 分,最多扣 6 分; ②切削用量设置不合理每处扣 2 分	20	
5	工艺内容	(1)语言规范、文字简练、表述正确,符合标准。 (2)工步加工方式的描述。 (3)工序工步加工结果的描述	①文字不规范、不标准、不简练,每处扣 2 分; ②工步加工方式描述错误,每处扣 2 分; ③工序工步加工结果描述错误,每处扣 2 分	24	
6	工艺装备	工序或工步所使用的设备、夹具、刀具、量具的表述	每少填一项扣 1 分	10	
		总分		100	

总结与提高

笔记

  总结与提高

1. 任务实施情况分析

任务完成后,学员根据任务实施情况,分析存在的问题及原因,并填写表9-4。指导老师对任务实施情况进行讲评。

表 9-4 综合类零件加工任务实施情况分析表

任务实施过程	存在的问题	解决的办法
机床操作		
加工程序		
加工工艺		
加工质量		
安全文明生产		

2. 总结

① 钻孔时钻头磨损较快,造成钻头的磨损可能是钻孔时的转速过高或者冷却液没有充分冷却工件及刀具。

② 零件总长尺寸尺寸控制难以保证精度,掉头后车端面测量不到零件总长。解决方法:加工掉头前先测量已加工好的长度尺寸,掉头打表后只需测量另外一半的尺寸与掉头前测量的尺寸相加算出端面长度的余量。

3. 扩展实践训练零件图样二维码

任务十　数控车削 CAD/CAM 软件编程与加工

工作任务卡

任务编号	10	任务名称	数控车削 CAD/CAM 软件编程与加工
设备型号	CK6140i	工作区域	数控实训中心-数控车削教学区
版　本	V1	建议学时	12 学时
参考文件	1+X 数控车铣加工职业技能等级标准、FANUC 数控系统操作说明书		
课程思政	1. 执行安全、文明生产规范，严格遵守车间制度和劳动纪律； 2. 着装规范（工作服、劳保鞋），不携带与生产无关的物品进入车间； 3. 实训现场工具、量具和刀具等相关物料的定制化管理； 4. 检查量具检定日期； 5. 严禁徒手清理铁屑，气枪严禁指向人； 6. 培养学生爱岗敬业、技术精湛、规范操作、敢于创新、精益求精的职业态度		

工具/设备/材料：

类别	名　称	规格型号	单位	数量
工具	卡盘扳手		把	1
	刀架扳手		把	1
	加力杆		把	1
	内六角扳手		套	1
	活动扳手		把	1
	垫片		片	若干
	铁屑钩		把	1
	卫生清洁工具		套	1
量具	钢直尺	0～300mm	把	1
	游标卡尺	0～200mm	把	1
刀具	90°外圆车刀		把	1
	螺纹车刀		把	1
	切断刀		把	1
耗材	棒料（45 钢）			按图样

1. 工作任务

　　如图 10-1 所示连接轴零件图，毛坯为 ϕ40mm 棒料，材料为 45 钢。使用 CAD/CAM 软件完成连接轴零件二维建模、加工刀路创建并生成加工程序；根据实训车间现场提供的设备、毛坯、刀具、量具，要求按照单件生产设计该零件的数控加工工艺，完成零件的加工，并根据零件检测报告完成零件的尺寸检测

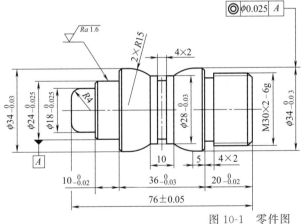

图 10-1　零件图

2. 工作准备

　　(1)技术资料：工作任务卡 1 份、教材、FANUC 系统数控操作说明书。

　　(2)工作场地：有良好的照明、通风和消防设施等条件。

　　(3)工具、设备：按《工具和设备》栏目准备相关工具和设备。

　　(4)建议分组实施教学。每 2～3 人为一组，每组配备一台数控车床。通过分组讨论完成零件的工艺分析及加工工艺方案设计，通过演示和操作训练完成零件的加工。

　　(5)劳动防护：穿戴劳保用品、工作服

MasterCAM
常用绘图
功能介绍

MasterCAM
软件基
本操作

① 数控车削自动编程只需要完成零件图纸绘制就可以自动生成加工程序？

② CAM 软件后处理出来的程序不用做任何处理可以直接导入机床加工？

③ CAM 软件生成的程序在机床中不用进行模拟验证，可以直接开始加工？

知识链接

1. MasterCAM 软件概述

MasterCAM 软件是美国 CNC software 公司开发的一款 CAD/CAM 软件，该软件以优良的性价比、常规的硬件要求、稳定的运行效果和易学易用的操作方法的特点，在 CAM 软件市场占有率长期位居世界第一，被广泛应用于通用机械、航空、船舶、军工等行业的设计与 CNC 加工编程。2018 年 CNC Software 发布了 MasterCAM 2018 版，该版本结合业内前沿技术发展，在软件中实现了许多创新技术的应用。如图 10-2 所示。

笔记

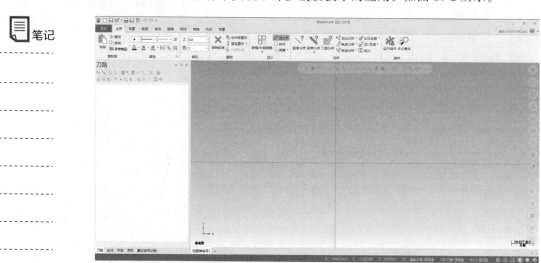

图 10-2　MasterCAM2018 软件主界面

2. 项目零件的刀路创建及后处理

① 创建工件左端的二维模型　如图 10-3 所示，使用 MasterCAM2018 软件创建零件左端的二维模型。

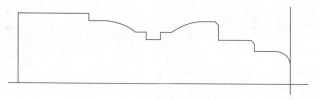

图 10-3　零件左端二维模型

② 机床选择　如图 10-4 所示，本项目零件为车削加工零件，因此创建刀路之前应

先选择机床，具体操作步骤如下：选择"机床"菜单选项→选择"车床"→选择"默认"的车床即可。

图 10-4　机床选择

零件二维轮廓造型

③ 车削毛坯设置　如图 10-5 所示，选择导航栏的"刀路"选项→选择"毛坯设置"→弹出车削"毛坯设置"对话框（如图 10-6 所示）。

图 10-5　导航栏刀路选项

如图 10-6 所示，在"毛坯"选项中选择"左端主轴"→点击"参数"→弹出"毛坯参数设置"对话框（如图 10-7 所示）→设置毛坯的外径为 38mm，长度为 80mm，轴向位置 Z 为 1mm 表示零件端面还有 1mm 的余量→点击"√"确认→生成毛坯图形如图 10-8 的虚线框所示。

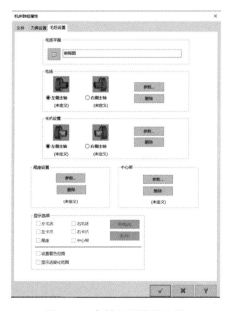

图 10-6　车削毛坯设置选项　　　　图 10-7　车削毛坯参数设置

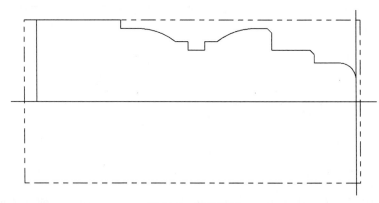

图 10-8 毛坯图形

④ 创建车端面刀具路径 如图 10-9 所示，选择"车削"→选择"车端面"功能→弹出"刀具参数设置"对话框（如图 10-10 所示）→选择"外圆车刀（右手刀）"→设置"刀号"和"补正号"都为 1→设置"进给速率"为 0.1mm/r→设置"主轴转速"为 600r/min，选择"恒转速"功能→点击"机床原点"选择"用户定义"（如图 10-11）→点击"定义"弹出"依照用户定义原点"设置界面（如图 10-12），→设置车刀的换刀点为 X100、Z100→点击"√"确认。

图 10-9 创建车端面刀路

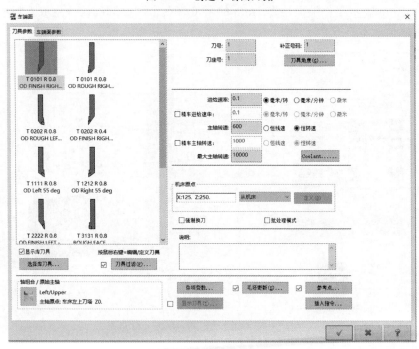

图 10-10 刀具参数设置

图 10-11 机床原点设置

图 10-12 依照用户定义原点设置

点击"参考点"弹出"参考点"设置界面（如图 10-13）→设置车刀的进入点和退出点均为 X20（半径值）、Z5→点击"√"确认。

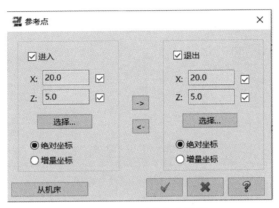

图 10-13 刀具参考点设置

点击"杂项变数"弹出"杂项变数"设置界面（如图 10-14）→设置"杂项整变数 [1]"为"−1"表示不生成"G54"代码→点击"√"确认。

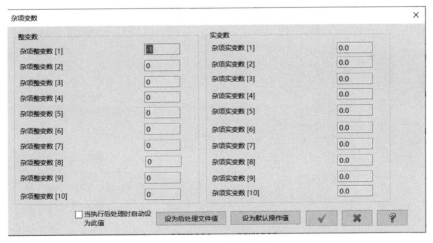

图 10-14 杂项变数设置

如图 10-15 所示，选择"车端面参数"选项→设置端面车削"步进量"等参数→点击"√"确认生成车端面刀具路径如图 10-16 所示。

⑤ 创建左端外形轮廓粗车刀具路径 在"车削"菜单选项中，选择"粗车"功能→弹出"串连选项"对话框（如图 10-17 所示）→选择"部分串连"→选择粗车加工的外形轮廓图素，如图 10-18 所示→点击"√"确认→弹出"粗车"切削相关参数设置对话框。

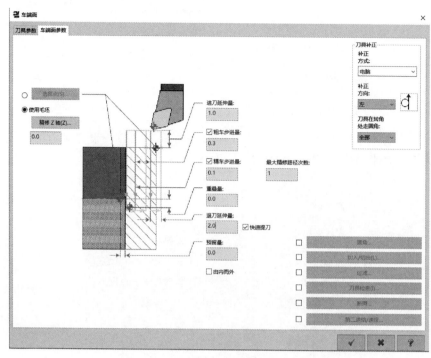

图 10-15　车端面参数设置

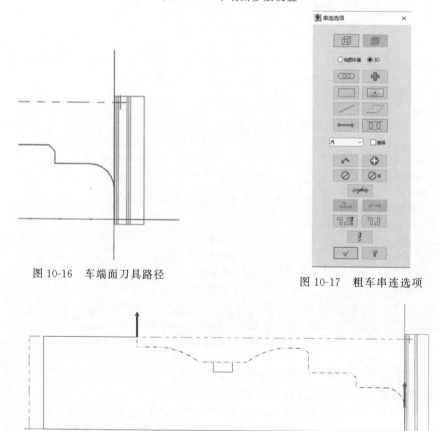

图 10-16　车端面刀具路径

图 10-17　粗车串连选项

图 10-18　粗车外形轮廓图素选择

如图 10-19 所示，选择"外圆车刀（右手刀）"→设置"刀号"和"补正号"都为 1→设置"进给速率"为 0.2mm/r→设置"主轴转速"为 500r/min，选择"恒转速"功能→点击"机床原点"选择"用户定义"（如图 10-11）→点击"定义"弹出"依照用户定义原点"设置界面（如图 10-12），→设置车刀的换刀点为 X100、Z100→点击"参考点"弹出"参考点"设置界面（如图 10-13）→设置车刀的进入点和退出点均为 X20（半径值）、Z5→点击"√"确认→点击"杂项变数"弹出"杂项变数"设置界面（如图 10-14）→设置"杂项整变数［1］"为"－1"表示不生成"G54"代码→点击"√"确认。

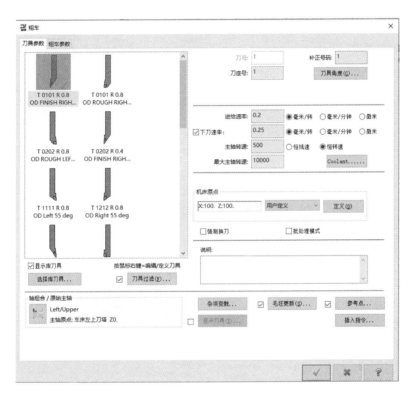

图 10-19　粗车外形刀具参数设置

如图 10-20 所示，选择"粗车参数"选项→设置"深度切削"，选择"等距"，设置切削深度为 1mm→设置"X 预留量"，留 0.3mm 精加工余量→设置"Z 预留量"，Z 轴方向不留精车余量。

点击"切入/切出（L）"，弹出如图 10-21 所示对话框→设置车削刀具"进入向量"，"固定方向"选择"无"，角度设置为"－135°"，"长度"设置为"2mm"→点击"√"确认。

如图 10-22 选择"切出"选项页，→设置车削刀具"退出向量"，"固定方向"选择"无"，角度设置为"45°"，"长度"设置为"2mm"→勾选"延长/缩短结束外形线"，设置"数量"为 2mm，选择"延伸"→点击"√"确认。

点击"切入参数"，弹出如图 10-23 所示对话框→设置"车削切入参数"，"车削切入设置"选择第 3 个选项，车削外形凹槽部分，端面凹槽部分不切削→点击"√"确认→再点击"√"确认，生成如图 10-24 所示的粗车外形刀具路径。

笔记

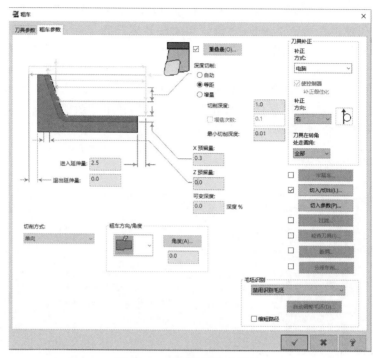

图 10-20 粗车切削参数设置

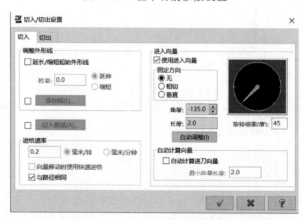

图 10-21 切入/切出参数设置

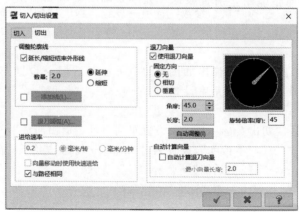

图 10-22 切出参数设置

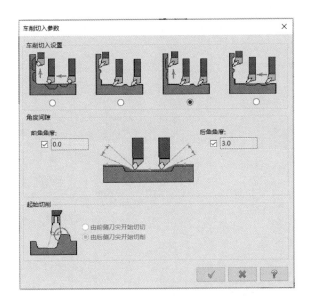

图 10-23　车削切入参数设置

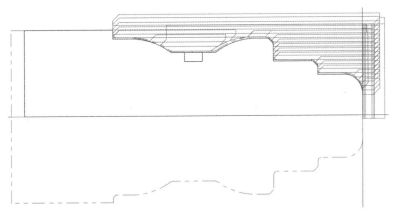

图 10-24　粗车外形刀具路径

笔记

⑥ 创建左端外形轮廓精车刀具路径　在"车削"菜单选项中，选择"精车"功能→弹出"串连选项"对话框（如图 10-25 所示）→选择"部分串连"→选择精车车加工的外形轮廓图素，如图 10-26 所示→点击"√"确认→弹出"精车"切削相关参数设置对话框。

如图 10-27 所示，选择"外圆车刀（右手刀）"→设置"刀号"和"补正号"都为1→设置"进给速率"为 0.1mm/r→设置"主轴转速"为 1200r/min，选择"恒转速"功能→点击"机床原点"选择"用户定义"（如图 10-11）→点击"定义"弹出"依照用户定义原点"设置界面（如图 10-12），→设置车刀的换刀点为 X100、Z100→点击"参考点"弹出"参考点"设置界面（如图 10-13）→设置车刀的进入点和退出点均为 X20（半径值）、Z5→点击"√"确认→点击"杂项变数"弹出"杂项变数"设置界面（如图 10-14）→设置"杂项整变数［1］"为"－1"表示不生成"G54"代码→点击"√"确认。

图 10-25　精车串连选项

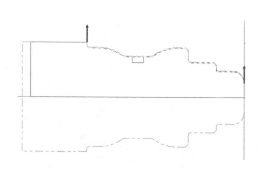

图 10-26　精车外形轮廓图素选择

笔记

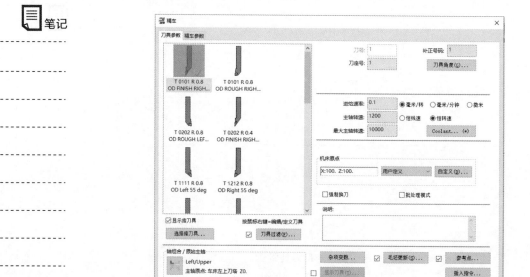

图 10-27　精车外形刀具参数设置

如图 10-28 所示，选择"精车参数"选项→设置"精车步进量"为"0.3mm"，设置"精车次数"为"1"→设置"X 预留量"为"0"→设置"Z 预留量"为"0"。

点击"切入/切出（L）"，弹出如图 10-29 所示对话框→设置车削刀具"进入向量"，"固定方向"选择"无"，角度设置为"-135°"，"长度"设置为"2mm"→勾选"切入圆弧"并点击"切入圆弧"如图 10-30 所示，设置切入圆弧参数→点击"√"确认。

点击"切入参数"，弹出如图 10-23 所示对话框→设置"车削切入参数"，"车削切

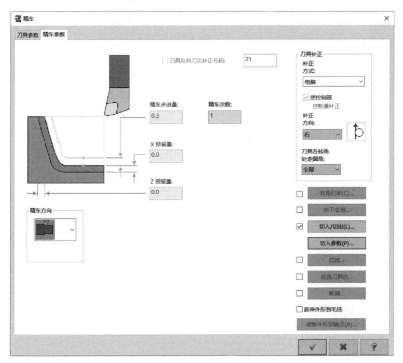

图 10-28　精车参数设置

图 10-29　切入/切出参数设置

图 10-30　切入/切出圆弧设置

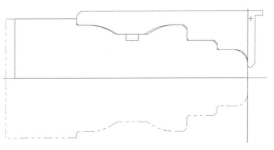

图 10-31　精车外形刀具路径

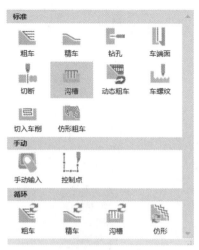

图 10-32　精车刀具路径

入设置"选择第 3 个选项，车削外形凹槽部分，端面凹槽部分不切削→点击"√"确认 → 再点击"√"确认，生成如图 10-31 所示的精车外形刀具路径。

⑦ 创建左端切槽刀具路径　在"车削"菜单选项中，点击"展开刀路列表"弹出车削标准刀路列表选项页（如图 10-32 所示），选择"沟槽"功能→弹出"沟槽选项"对话框（如图 10-33 所示）。

选择"2 点"方式→如图 10-34 所示，选择槽的右上角和左下角→按"Enter"确认→弹出"沟槽车削"对话框，如图 10-35 所示。

图 10-33　沟槽选项

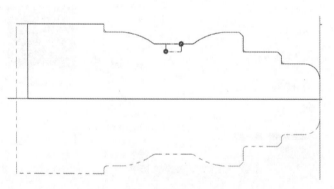

图 10-34　切削沟槽选择

如图 10-35 所示，选择"外圆切槽刀（右手刀）"→设置"刀号"和"补正号"都为 2→设置"进给速率"为 0.1mm/r→设置"主轴转速"为 300r/min，选择"恒转速"功能→点击"机床原点"选择"用户定义"（如图 10-11）→点击"定义"弹出"依照用户定义原点"设置界面（如图 10-12），→设置车刀的换刀点为 X100、Z100→点击"参考点"弹出"参考点"设置界面（如图 10-13）→设置车刀的进入点和退出点均为 X20（半径值）、Z5→点击"√"确认→点击"杂项变数"弹出"杂项变数"设置界面（如图 10-14）→设置"杂项整变数［1］"为"－1"表示不生成"G54"代码→点击"√"确认。

如图 10-36 所示，选择"沟槽形状参数"选项→由于该零件的沟槽是普通的直角槽，所以该选项页无须设置→如图 10-37 所示，选择"沟槽粗车参数"选项→设置 X 预留量为 0，Z 预留量为 0→点击"√"确认生成沟槽切削刀具路径（如图 10-38 所示）。

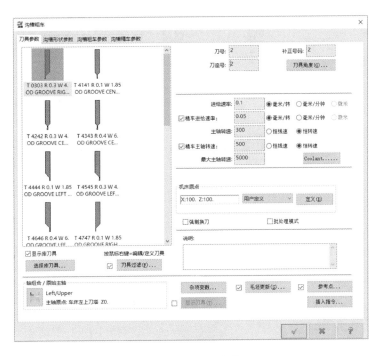

图 10-35　沟槽刀具参数设置

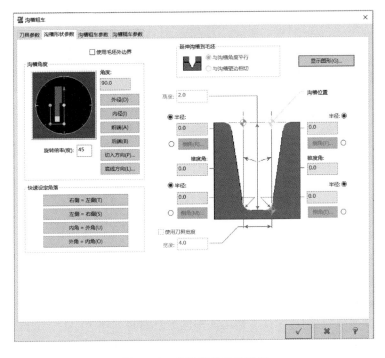

图 10-36　沟槽形状参数设置

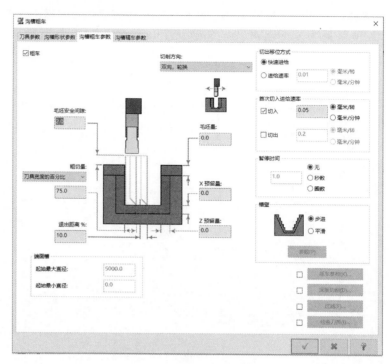

图 10-37 沟槽粗车参数设置

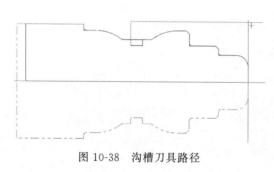

图 10-38 沟槽刀具路径

毛坯图形如图 10-40 所示的虚线框。

⑧ 掉头加工车削毛坯设置 选择导航栏的"刀路"选项→选择"毛坯设置"→弹出车削"毛坯设置"对话框，在"毛坯"选项中选择"左端主轴"→点击"参数"→弹出"毛坯参数设置"对话框→在"图形"的下拉选项选择"旋转"→点击"旋转图形"，弹出"串连选项"→如图 10-39 所示，选择毛坯的形状轮廓线→点击"√"确认，生成

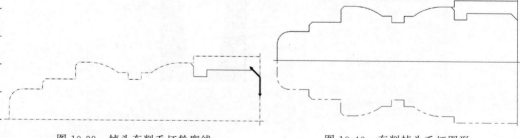

图 10-39 掉头车削毛坯轮廓线　　　图 10-40 车削掉头毛坯图形

⑨ 创建零件右端车削端面刀具路径 参照步骤④零件左端端面车削的步骤（如图 10-9～图 10-15 所示），创建零件右端端面车削刀具路径如图 10-41 所示。

⑩ 创建右端外形轮廓粗车刀具路径 在"车削"菜单选项中，选择"粗车"功能→弹出"串连选项"对话框→选择"部分串连"→选择粗车加工的外形轮廓图素，如

图 10-42 所示→点击 "√" 确认→弹出 "粗车" 切削相关参数设置对话框。

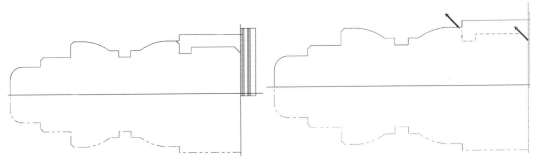

图 10-41 右端端面车削刀具路径　　　　　图 10-42 右端粗车外形轮廓图素选择

选择 "外圆车刀（右手刀）"→设置 "刀号" 和 "补正号" 都为 1→设置 "进给速率" 为 0.2mm/r→设置 "主轴转速" 为 500r/min，选择 "恒转速" 功能→点击 "机床原点" 选择 "用户定义"（如图 10-11）→点击 "定义" 弹出 "依照用户定义原点" 设置界面（如图 10-12），→设置车刀的换刀点为 X100、Z100→点击 "参考点" 弹出 "参考点" 设置界面（如图 10-13）→设置车刀的进入点和退出点均为 X20（半径值）、Z5→点击 "√" 确认→点击 "杂项变数" 弹出 "杂项变数" 设置界面（如图 10-14）→设置 "杂项整变数 [1]" 为 "−1" 表示不生成 "G54" 代码→点击 "√" 确认。

选择 "粗车参数" 选项→设置 "深度切削"，选择 "等距" 设置切削深度为 1mm→设置 "X 预留量"，留 0.3mm 精加工余量→设置 "Z 预留量"，Z 轴方向不留精车余量。

点击 "切入/切出（L）"，弹出 "切入/切出" 对话框→设置车削刀具 "进入向量"，"固定方向" 选择 "无"，角度设置为 "−135°"，"长度" 设置为 "2mm"→点击 "√" 确认。

选择 "切出" 选项页→设置车削刀具 "退出向量"，"固定方向" 选择 "无"，角度设置为 "45°"，"长度" 设置为 "2mm"→勾选 "延长/缩短结束外形线"，设置 "数量" 为 2mm，选择 "延伸"→点击 "√" 确认。

点击 "切入参数"，弹出如图 10-43 所示对话框→设置 "车削切入参数"，"车削切入设置" 选择第 1 个选项，车削外形凹槽部分和端面凹槽部分不切削→点击 "√" 确认→再点击 "√" 确认，生成如图 10-44 所示的粗车外形刀具路径。

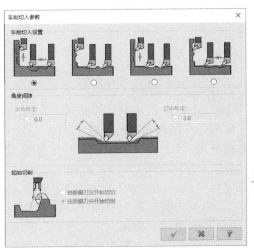

图 10-43 车削切入参数设置

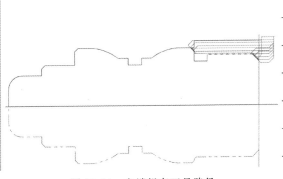

图 10-44 右端粗车刀具路径

笔记

⑪ 创建右端外形轮廓精车刀具路径 在"车削"菜单选项中，选择"精车"功能→弹出"串连选项"对话框→选择"部分串连"→选择精车车加工的外形轮廓图素，如图10-45所示→点击"√"确认→弹出"精车"切削相关参数设置对话框。

选择"外圆车刀（右手刀）"→设置"刀号"和"补正号"都为1→设置"进给速率"为0.1mm/r→设置"主轴转速"为1200r/min，选择"恒转速"功能→点击"机床原点"选择"用户定义"（如图10-11）→点击"定义"弹出"依照用户定义原点"设置界面（如图10-12），→设置车刀的换刀点为X100、Z100→点击"参考点"弹出"参考点"设置界面（如图10-13）→设置车刀的进入点和退出点均为X20（半径值）、Z5→点击"√"确认→点击"杂项变数"弹出"杂项变数"设置界面（如图10-14）→设置"杂项整变数［1］"为"-1"表示不生成"G54"代码→点击"√"确认。

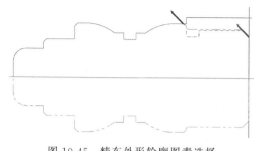

图10-45 精车外形轮廓图素选择

选择"精车参数"选项→设置"精车步进量"为"0.3mm"，设置"精车次数"为"1"→设置"X预留量"，为"0"→设置"Z预留量"为"0"。

点击"切入/切出（L）"，弹出对话框→设置车削刀具"进入向量"，"固定方向"选择"无"，角度设置为"-135°"，"长度"设置为"2mm"→勾选"延长/缩短起始外形线"，设置"数量"设置为"1"，选择"延长"→点击"√"确认。

点击"切入参数"，弹出如图10-46所示对话框→设置"车削切入参数"，"车削切入设置"选择第1个选项，车削外形凹槽部分和端面凹槽部分不切削→点击"√"确认→再点击"√"确认，生成如图10-47所示的精车外形刀具路径。

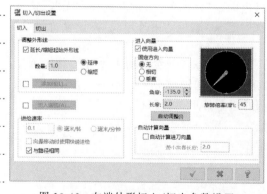

图10-46 右端外形切入/切出参数设置

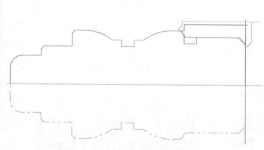

图10-47 精车外形刀具路径

⑫ 创建右端切槽刀具路径 在"车削"菜单选项中，点击"展开刀路列表"弹出车削标准刀路列表选项页，选择"沟槽"功能→弹出"沟槽选项"对话框。

选择"2点"方式→选择槽的右上角和左下角→按"Enter"确认→弹出"沟槽车削"对话框，如图10-48所示。

选择"外圆切槽刀（右手刀）"→设置"刀号"和"补正号"都为2→设置"进给速率"为0.1mm/r→设置"主轴转速"为300r/min，选择"恒转速"功能→点击"机床原点"选择"用户定义"（如图10-11）→点击"定义"弹出"依照用户定义原点"设置界面（如图10-12）→设置车刀的换刀点为X100、Z100→点击"参考点"弹出"参考点"设置界面（如图10-13）→设置车刀的进入点和退出点均为X20（半径值）、Z5→点

击"√"确认→点击"杂项变数"弹出"杂项变数"设置界面（如图 10-14）→设置
"杂项整变数［1］"为"－1"表示不生成"G54"代码→点击"√"确认。

选择"沟槽形状参数"选项→由于该零件的沟槽是普通的直角槽，所以该选项页
无须设置→选择"沟槽粗车参数"选项→设置 X 预留量为 0，Z 预留量为 0→点击
"√"确认生成沟槽切削刀具路径（如图 10-49 所示）。

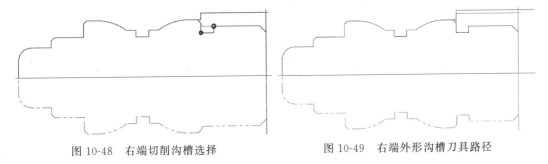

图 10-48　右端切削沟槽选择　　　　　图 10-49　右端外形沟槽刀具路径

⑬ 创建右端螺纹刀具路径　在"车削"菜单选项中，选择"螺纹"功能→弹出
"车螺纹"对话框（如图 10-50 所示）。

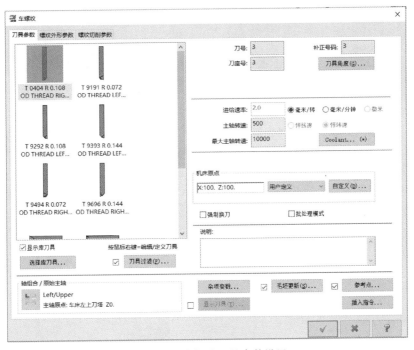

图 10-50　车螺纹刀具参数设置

选择"外螺纹车刀（注意刀具刀片的加工螺距值）"→设置"刀号"和"补正号"
都为 3→设置"进给速率"为 2mm/r→设置"主轴转速"为 500r/min，选择"恒转速"
功能→点击"机床原点"选择"用户定义"（如图 10-11）→点击"定义"弹出"依照用
户定义原点"设置界面（如图 10-12），→设置车刀的换刀点为 X100、Z100→点击"参
考点"弹出"参考点"设置界面（如图 10-13）→设置车刀的进入点和退出点均为 X20
（半径值）、Z5→点击"√"确认→点击"杂项变数"弹出"杂项变数"设置界面（如
图 10-14）→设置"杂项整变数［1］"为"－1"表示不生成"G54"代码→点击"√"
确认。

如图 10-51 所示，选择"螺纹外形参数"→设置"导程"为"2 毫米/螺纹"、"牙型角度"为"60°"、"牙型半角"为"30°"、"大径（螺纹外径）"为"30mm"、"小径（螺纹内径）"为"27.4"，"螺纹深度"为"1.3mm"、"起始位置"设置为"2mm"、"结束位置"为"−17mm"。

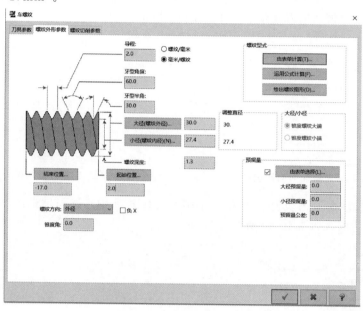

图 10-51 螺纹外形参数设置

如图 10-52 所示，选择"螺纹切削参数"→设置"NC 代码格式"为"长代码 (G32)"、"切削深度方式"为"相等切削量"、"切削次数"为"5"、"最后一刀切削量"为"0.1mm"、"最后深度精修次数"为"1"、"毛坯安全间隙"为"2mm"、"切入加速间隙"设置为"2mm"、"退出延伸量"为"0mm"、"切入角度"为"29°"、"精修预留量"为"0"、"收尾距离"为"0mm"→点击"√"确认生成车削螺纹刀具路径，如图 10-53 所示。

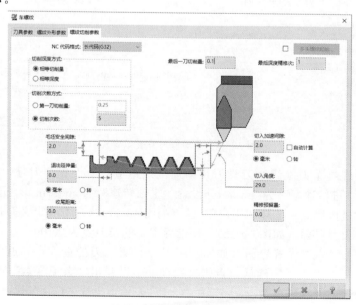

图 10-52 螺纹切削参数设置

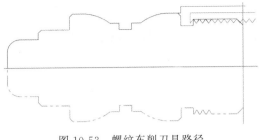

图 10-53 螺纹车削刀具路径

 制订工作计划

制订计划

工艺规程文件制定

机械加工工艺过程卡

零件名称		材料	45 钢	零件图号		
工序号	工种	工序内容	夹具	设备名称	设备型号	
编制		审核		时间		第 页 共 页

笔记

机械加工工序卡

零件名称		工序号		夹具名称	
设备名称		设备型号		材料名称		材料牌号	
程序编号					

工序简图(按装夹位置)

工步号	工步内容	切削用量			刀具		量具名称
		主轴转速 /(r/min)	进给速度 /(mm/r)	背吃刀量 /mm	名称及规格	刀号	

编制		审核		时间		第　页	共　页

机械加工工序卡

零件名称		工序号		夹具名称	
设备名称		设备型号		材料名称		材料牌号	
程序编号					

工序简图(按装夹位置)

工步号	工步内容	切削用量			刀具		量具名称
		主轴转速 /(r/min)	进给速度 /(mm/r)	背吃刀量 /mm	名称及规格	刀号	

编制		审核		时间		第　页		共　页	

笔记

109

机械加工刀具卡

机械加工刀具卡	工序号	程序编号	产品名称	零件名称	材料	零件图号

序号	刀具号	刀具名称及规格	刀具材料	加工的表面

编制		审核		第　　页	共　　页

 执行工作计划

序号	操作流程	工作内容	学习问题反馈
1	零件的建模	使用 MasterCAM 软件完成项目零件的建模	
2	创建刀具路径	使用 MasterCAM 软件完成项目零件车削加工刀具路径的创建	
3	后置处理	使用 MasterCAM 软件完成项目零件车削加工刀具路径的后处理生成加工程序	
4	工件装夹	注意工件的装夹位置和零件的校正	
5	刀具安装	合理选用加工刀具,并正确安装	
6	对刀	正确对刀,提高对刀精度	
7	程序校验	锁住机床。调出所需加工程序,在"图形校验"功能下,实现零件加工刀具运动轨迹的校验	
8	零件加工	运行程序,完成零件加工。选择单步运行,结合程序观察走刀路线和加工过程。粗车后,测量工件尺寸,针对加工误差进行适当补偿	
9	零件检测	用量具检测加工完成的零件	

 执行计划 1
 执行计划 2
 执行计划 3
执行计划 4
 执行计划 5
执行计划 6
 执行计划 7
 执行计划 8
 执行计划 9

考核与评价

1. 职业素养考核

作为一门专业实践课，课程思政的考核重点是职业素养、操作规范和劳动教育，是贯穿整个课程的过程性考核，具体评价项目及标准见表 10-1。

表 10-1　职业素养考核评价标准

考核项目		考核内容	配分	扣分	得分
加工前准备	纪律	服从安排；场地清扫等。违反一项扣1分	2		
	安全生产	安全着装；按规程操作等。违反一项扣1分	2		
	职业规范	机床预热、按照标准进行设备点检。违反一项扣1分	4		
加工操作过程	打刀	每打一次刀扣2分	4		
	文明生产	工具、量具、刀具定制摆放、工作台面的整洁等。违反一项扣1分	4		
	违规操作	用砂布、锉刀修饰；锐边没倒钝，或倒钝尺寸太大等没按规定的操作行为，扣1~2分	4		
加工结束后设备保养	清洁、清扫	清理机床内部的铁屑，确保机床表面各位置的整洁，清扫机床周围的卫生，做好设备的保养。违反一项扣1分	4		
	整理、整顿	工具、量具的整理与定制管理。违反一项扣1分	2		
	素养	严格执行设备的日常点检工作。违反一项扣1分	4		
出现撞机床或工伤		出现撞机床或工伤事故整个测评成绩记0分			
合　计			30		

2. 零件加工质量考核

具体评价项目及标准见表 10-2。

表 10-2　连接轴零件加工项目评分标准及检测报告

序号	检测项目	检测内容	检测要求	配分	学员自评	教师评价	
					自测尺寸	检测结果	得分
1	外形轮廓尺寸	$\phi 34_{-0.03}^{0}$	超差不得分	5			
2		$\phi 24_{-0.025}^{0}$	超差不得分	5			
3		$\phi 18_{-0.025}^{0}$	超差不得分	5			
4		$\phi 28_{-0.03}^{0}$	超差不得分	5			
5		$\phi 34_{-0.03}^{0}$	超差不得分	5			
6		$2\times R15$	超差不得分	4			
7		4×2 槽	超差不得分	3			
8		外形轮廓的加工完整情况	一处轮廓未加工完整不得分	4			

续表

序号	检测项目	检测内容	检测要求	配分	学员自评	教师评价	
					自测尺寸	检测结果	得分
9	长度尺寸	$10_{-0.02}^{0}$	超差不得分	4			
10		$36_{-0.03}^{0}$	超差不得分	4			
11		$20_{-0.02}^{0}$	超差不得分	4			
12		76 ± 0.05	超差不得分	4			
13	螺纹	M30×2-6g	超差不得分	4			
14	同轴度	0.025	超差不得分	4			
15	其他	表面粗糙度	超差不得分	5			
16		锐角倒钝	超差不得分	2			
17		去毛刺	超差不得分	3			
	合　计			70			

总结与提高

  笔记

总结与提高

1. 任务实施情况分析

任务完成后，学员根据任务实施情况，分析存在的问题及原因，并填写表 10-3。指导老师对任务实施情况进行讲评。

表 10-3　连接轴零件加工任务实施情况分析表

任务实施过程	存在的问题	解决的办法
零件建模		
创建刀具路径		
后置处理		
加工工艺		
加工质量		
安全文明生产		

2. 总结

① 在零件建模时，要考虑到零件图纸的尺寸公差要求。

② 为了方便创建刀具路径，建议左右端的零件分开保存为 2 个图档。

③ 在创建外圆车削刀路时，可以画辅助线将沟槽部分先填补。

④ 在创建沟槽车削刀路时，注意 X 和 Z 轴方向的预留量，如果槽刀刀宽和沟槽的宽度一样时 Z 轴方向不能有预留量，沟槽的底面没有尺寸和表面精度的要求时 X 轴方向通常也不设置预留量。

⑤ 在创建外圆粗、精车刀路时，特别要注意"切入 \ 切出"和"切入参数"的设置，特别是进退刀向量的设置。

⑥ 注意车削刀具参数的设置，如主轴转速应选择恒转速、进给速度等参数的设置。

⑦ 注意"机床原点（换刀点）"和"刀具切入切出点"的设置。

⑧ 由于车削加工时每把刀的工件坐标原点通常采用刀具偏置的方法，所以"杂项变数"应设置为 −1，避免后置处理时程序生成 G54、G50 等代码。

⑨ 槽刀的选择一定要考虑零件沟槽的宽度和深度尺寸。

⑩ 螺纹车刀的选择一定要考虑螺纹车刀刀片能够切削的螺距大小范围。

3. 扩展实践训练零件图样二维码

📄 笔记

模块 四

岗位扩展技能

任务十一　数控车削非圆曲线编程与加工

任务引入

 工作任务卡

笔记

任务编号	11	任务名称	数控车削非圆曲线编程与加工
设备型号	CK6140i	工作区域	数控实训中心-数控车削教学区
版　本	V1	建议学时	12学时
参考文件			1+X数控车铣加工职业技能等级标准、FANUC数控系统操作说明书
课程思政			1. 执行安全、文明生产规范,严格遵守车间制度和劳动纪律; 2. 着装规范(工作服、劳保鞋),不携带与生产无关的物品进入车间; 3. 实训现场工具、量具和刀具等相关物料的定制化管理; 4. 检查量具检定日期; 5. 严禁徒手清理铁屑,气枪严禁指向人; 6. 培养学生爱岗敬业、技术精湛、规范操作、敢于创新、精益求精的职业态度

工具/设备/材料:

类别	名　　称	规格型号	单位	数量
工具	卡盘扳手		把	1
	刀架扳手		把	1
	加力杆		把	1
	内六角扳手		套	1
	活动扳手		把	1
	垫片		片	若干
	铁屑钩			
	卫生清洁工具		套	
量具	钢直尺	0~300mm	把	1
	游标卡尺	0~200mm	把	1
刀具	90°外圆车刀		把	1
	切断刀		把	1
耗材	棒料(45钢)			按图样

1. 工作任务

如图11-1所示子弹模型零件,毛坯为 $\phi30\text{mm}$ 棒料,材料为45钢。选择合理的切削参数编写加工程序;根据实训车间现场提供的设备、毛坯、刀具、量具,要求按照单件生产设计该零件的数控加工工艺,完成零件的加工,并根据零件检测报告完成零件的尺寸检测

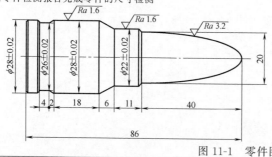

图11-1　零件图

2. 工作准备

(1)技术资料:工作任务卡1份、教材、FANUC系统数控操作说明书。

(2)工作场地:有良好的照明、通风和消防设施等条件。

(3)工具、设备:按《工具和设备》栏目准备相关工具和设备。

(4)建议分组实施教学。每2~3人为一组,每组配备一台数控车床。通过分组讨论完成零件的工艺分析及加工工艺方案设计,通过演示和操作训练完成零件的加工。

(5)劳动防护:穿戴劳保用品、工作服

114

引导问题

① 什么是宏程序？
② 宏变量的编号可以随便使用？
③ 宏程序只能加工公式曲线？

 知识链接

1. 宏程序的定义及应用

用户宏程序是一种类似于高级语言的编程方法，它允许用户使用变量、算术和逻辑运算及条件转移，常用于非圆公式曲线和系列化产品零件的编程，尤其是在系列化产品零件编程时可以将相同轮廓形状的尺寸通过变量的形式进行参数化编程，这使得编制相同的加工程序比传统方式更加方便。同时也可将某些经常使用的相同加工操作用的宏程序编制成通用程序，供用户循环调用。

宏程序的定义和宏变量的应用

2. 宏变量的定义

宏变量是构成宏程序的基本要素，如表 11-1 所示根据变量号可以将宏变量分为空变量、局部变量、全局变量和系统变量，各类变量的用途各不相同。另外，对不同的变量的访问属性也有所不同，有些变量可以读写，有些变量则属于只读变量只能调用不能赋值。宏变量在程序中用符号"♯"＋变量号来表示，例如：♯1。变量值的数值大小通常在 $-10^{47} \sim -10^{-29}$ 或 $10^{29} \sim 10^{47}$ 的范围内，如果变量的计算结果超出范围，系统会提示 P/S 程序报警。

笔记

表 11-1 宏变量类型

变量号	变量类型	功　能
♯0	空变量	该变量总是空，没有值能赋给该变量
♯1～♯33	局部变量	只能用于宏程序存储数据，断电后初始化为空
♯100～♯199 ♯500～♯999	公共变量	在不同的宏程序中意义相同，断电保存
♯1000～	系统变量	用于读和写 CNC 运行时各种数据的变化，如刀具的当前位置和补偿值

3. 宏变量的运用

在宏程序中宏变量在编程时可灵活运用算术运算符、函数运算、条件判别和循环语句等功能来实现一些复杂的编程需求。

（1）算术运算
例如：
％1234
♯0＝5
♯1＝15
♯3＝［♯1/♯0＋［♯1－♯0］］
♯5＝♯4＊♯2
（2）逻辑运算
♯i ＝ ♯i ＆ ♯j　　　与逻辑运算

#i ＝ #i | #j　　　或逻辑运算

#i ＝～#i　　　非逻辑运算

（3）函数运算

#i＝ SIN[#j]　　　正弦(单位:弧度)

#i＝COS[#j]　　　余弦(单位:弧度)

#i＝TAN[#j]　　　正切(单位:弧度)

#i＝ATAN[#j]　　　反正切

#i＝ABS[#j]　　　绝对值

#i＝INT[#j]　　　取整(向下取整)

#i＝SIGN[#j]　　　取符号

#i＝SQRT[#j]　　　开方

#i＝EXP[#j]　　　指数,以 e(2.718)为底数的指数

（4）条件运算

#i NE #j　　　不等于判断(≠)

#i GT #j　　　大于判断(＞)

#i GE #j　　　大于等于判断(≥)

#i LT #j　　　小于判断(＜)

#i LE #j　　　小于等于判断(≤)

#i EQ #j　　　等于判断(＝)

（5）赋值语句

把常数或表达式的值传送给一个宏变量称为赋值,这条语句称为赋值语句。

例如:赋值时还可以调用函数或赋浮点数值。

　　　#2 ＝ 175/SQRT[2] * COS[55 * PI/180]

　　　#3 ＝ 124.0

（6）条件判断语句

系统支持两种条件判断语句:

第一种:

IF [条件表达式];　　　　类型 1

……

ENDIF

对于 IF 语句中的条件表达式,可以使用简单条件表达式,也可以使用复合条件表达式,如下例所示:

当#1和#2相等时,将 0 赋值给#3。

例如:

IF [#1 EQ #2]

#3 ＝ 0

ENDIF

第二种:

IF [条件表达式];　　　　类型 2

……

ELSE

……

ENDIF

例如：

当♯1和♯2相等，或♯3和♯4相等时，将0赋值给♯3，否则将1赋值给♯3。

IF［♯1 EQ ♯2］OR［♯3 EQ ♯4］

♯3＝0

ELSE

♯3＝1

ENDIF

条件判断中所用到的OR为或条件，也就是说在OR两边的条件有一个为真则真此条件就成立。

（7）循环语句

在WHILE后指定条件表达式，当指定的条件表达式满足时，执行从WHILE DO到END之间的程序。当指定条件表达式不满足时，推出WHILE循环，执行END之后的程序行。

调用格式如下：

WHILE［条件表达式］

……

ENDW

例如：

O3500

♯1＝0；♯1的初始值为0

♯2＝1；加数♯2的初始值为1

N1 WHILE ♯2 LE 10 DO1；当加数♯2的值小于等于10，执行循环语句运算，否则跳转到END1后的N2程序段

♯1＝♯1＋♯2；变量计算

G01 X♯1 F0.2 ；刀具切削移动轨迹

END1；回到N1程序段循环语句条件判别

N2 M30；程序的结尾

非圆公式曲
线编程思路

笔记

4. 非圆公式曲线编程思路

在非圆公式曲线的编程中，由于数控系统本身没有专门用于加工非圆公式曲线的G代码指令，因此在编写非圆公式曲线轮廓的零件程序，就需要通过小直线段来拟合出无限近似非圆公式曲线，拟合的直线段越小曲线的轮廓越平滑也越接近于理想的非圆公式曲线。那么在拟合的过程中这些小直线段的坐标就需要通过非圆曲线的公式来计算，并根据刀具的切削走刀方式进行编程。

（1）非圆公式曲线的常用拟合方式　加工非圆公式曲线时，常用拟合方式有等间距法、等插补法和三点定圆法等。其中，等间距法在手工编程中使用最多。如图11-2所示，在一个坐标轴方向或角度方向，将拟合轮廓的总增量进行等分后，对设定节点

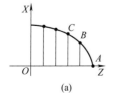
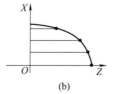

图11-2　等间距拟合

进行的坐标值计算方法称为等间距法。

（2）非圆公式曲线刀具路径编程

① 粗加工刀具路径编程　粗加工时，依次以轮廓上各节点的 X、Z 坐标作为 X 向、Z 向的进刀控制点。如图 11-3 所示，先计算出椭圆上点 1 的坐标，径向进刀至 X_1，纵向切削至 Z_1；再计算出椭圆上点 2 的坐标，径向进刀至 X_2，纵向切削至 Z_2；依此计算出椭圆上点 3、4、…等点坐标，控制刀具完成椭圆的粗加工。

② 精加工刀具路径编程　精加工时，依次计算出轮廓上各节点作为进刀控制点，在相邻两点之间用直线或圆弧插补完成轮廓的加工。如图 11-4 所示，依次计算出轮廓上各节点 1、2、…等点坐标，在相邻两点之间用直线插补完成椭圆的精加工。为了提高加工的精度，可以减小相邻点的间距，增加节点的数目。

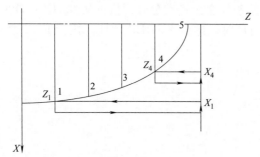

图 11-3　椭圆粗加工进刀控制

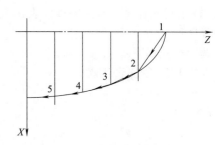

图 11-4　椭圆精加工进刀控制

③ G73 复合循环指令嵌套宏程序　当零件轮廓比较复杂时，单纯通过宏程序来编写非圆公式曲线的粗加工程序比较繁琐，FANUC 系统可以在 G73 复合循环指令中嵌套宏程序，来简化编程。

（3）编程示例　用宏程序编写如图 11-5 所示零件右端椭圆的精加工程序。

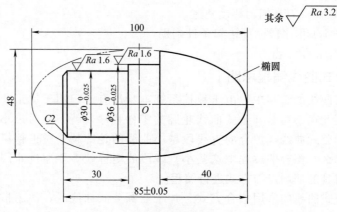

图 11-5　椭圆加工

选择椭圆中心为编程原点建立工件坐标系。

参考程序：

程序	说明
O2103	程序名
N10 T0202	选择 2 号刀，建立刀补
N20 M03 S800	主轴正转，转速 800r/min

续表

程序	说明
N30 G00 X55 Z55	快速定位至安全点
N40 G00 X55 Z51	快速定位至循环起点
N50 G73 U24 W0 R24	G73 复合循环指令
N60 G73 P Q U0.6 W0 F0.2	
N70 G42 G00 X－2 Z51	循环起始段,建立刀具半径补偿
N80 G02 X0 Z50 R1 F0.1	圆弧切入
N90 ♯2＝50	定义椭圆的 Z 轴坐标为自变量,♯2 初始值为 50
N100 WHILE［♯2 GT 10］DO1	宏程序精加工椭圆循环判别语句
N110 ♯2＝♯2－0.1	椭圆切削拟合步长为 0.1mm
N120 ♯1＝2＊［24/50］＊SQRT［50＊50－♯2＊♯2］	计算椭圆的 X 轴坐标:变量♯1,直径值
N130 G01 X♯1 Z♯2	椭圆精加工轮廓插补运动加工
N140 END1	循环结束
N150 G01 X55	循环结束段
N160 G70 P70 Q150	G70 精车循环
N170 G40 G00 X100	返回换刀点,停主轴
N180 Z100 M05	
N190 T0200	取消 2 号刀刀补
N200 M30	程序结束

制订工作计划

1. 将项目任务零件的椭圆方程列出来

（1）列出项目任务零件椭圆的参数方程:

（2）列出项目任务零件椭圆的标准方程:

2. 确定项目零件椭圆宏程序编程的拟合方式变量名称以及变量的初始值和终止值

序号	加工工步内容	椭圆编程采用的拟合方式	变量名称	变量号	变量初始值	变量终止值
1						
2						
3						

3. 绘制椭圆粗加工部分的加工路线

绘制项目零件用到的各类型刀具的加工路线，路径要从起点开始包含刀具从换刀点到安全点再到加工切入点、零件轮廓切削过程、最后从加工切出点到退刀点。

笔记

4. 编写零件加工程序

程序内容	程序说明

续表

程序内容	程序说明

笔记

执行工作计划

序号	操作流程	工作内容	学习问题反馈
1	程序编制	粗加工和精加工宏程序的编制,复合循环中嵌套宏程序的注意事项	
2	程序校验	锁住机床。调出所需加工程序,在"图形校验"功能下,实现零件加工刀具运动轨迹的校验	
3	零件加工	运行程序,完成零件加工。选择单步运行,结合程序观察走刀路线和加工过程。粗车后,测量工件尺寸,针对加工误差进行适当补偿	
4	零件检测	用量具检测加工完成的零件	

考核与评价

1. 职业素养考核

作为一门专业实践课,课程思政的考核重点是职业素养、操作规范和劳动教育,是贯穿整个课程的过程性考核，具体评价项目及标准见表11-2。

表11-2 职业素养考核评价标准

考核项目		考核内容	配分	扣分	得分
加工前准备	纪律	服从安排；场地清扫等。违反一项扣1分	2		
	安全生产	安全着装；按规程操作等。违反一项扣1分	2		
	职业规范	机床预热，按照标准进行设备点检。违反一项扣1分	4		
加工操作过程	打刀	每打一次刀扣2分	4		
	文明生产	工具、量具、刀具定制摆放、工作台面的整洁等。违反一项扣1分	4		
	违规操作	用砂布、锉刀修饰；锐边没倒钝，或倒钝尺寸太大等没按规定的操作行为，扣1～2分	4		
加工结束后设备保养	清洁、清扫	清理机床内部的铁屑，确保机床表面各位置的整洁，清扫机床周围的卫生，做好设备的保养。违反一项扣1分	4		
	整理、整顿	工具、量具的整理与定制管理。违反一项扣1分	2		
	素养	严格执行设备的日常点检工作。违反一项扣1分	4		
出现撞机床或工伤		出现撞机床或工伤事故整个测评成绩记0分			
合　计			30		

笔记

2. 零件加工质量考核

具体评价项目及标准见表11-3。

表11-3 非圆曲线零件加工项目评分标准及检测报告

序号	检测项目	检测内容	检测要求	配分	学员自评	教师评价	
					自测尺寸	检测结果	得分
1	外形轮廓尺寸	$\phi28\pm0.02$	超差不得分	10			
2		$\phi26\pm0.02$	超差不得分	10			
3		$\phi28\pm0.02$	超差不得分	10			
4		$\phi22\pm0.02$	超差不得分	10			
5	长度尺寸	86	超差不得分	6			
6	椭圆	椭圆	超差不得分	20			
7	其他	倒角	超差不得分	3			
8		去毛刺	超差不得分	1			
合　计				70			

 总结与提高

1. 任务实施情况分析

任务完成后，学员根据任务实施情况，分析存在的问题及原因，并填写表11-4。指导老师对任务实施情况进行讲评。

表 11-4　非圆公式曲线零件加工任务实施情况分析表

任务实施过程	存在的问题	解决的办法
机床操作		
加工程序		
加工工艺		
加工质量		
安全文明生产		

总结与提高

📄 笔记

2. 总结

① 确定非圆公式曲线拟合的自变量时，应尽量选择曲率变化较小，行程较大的轴作为自变量。

② 非圆公式曲线粗加工可以采用 G73 复合循环，如果用 G90 或者 G01 来实现粗加工，需要将直径单调递增和单调递减部分分段编程处理。

③ 非圆公式曲线编程如果使用刀尖圆弧半径补偿功能，则要注意拟合的线段长度必须大于刀尖圆弧半径。

④ 非圆公式曲线的 WHILE 循环语句和 IF 条件语句的判别条件要注意起始位置、终止位置和自变量值（拟合线段长度）是否能够正好整除。

⑤ 非圆公式曲线的 WHILE 循环语句和 IF 条件语句的判别条件≥和＞，≤和＜选择要充分考虑拟合终点位置的计算。

3. 扩展实践训练零件图样二维码

数控铣床（加工中心）加工技能实训

学习情境二

模块 一

数控铣床操作基础

任务十二　华中数控 HNC-818B 系统数控铣床操作基础

工作任务卡

任务编号	12	任务名称	华中数控 HNC-818B 系统数控铣床操作基础
设备型号	VMC650/850	工作区域	数控实训中心-数控铣削教学区
版本	V1	建议学时	2 学时
参考文件		1+X 数控车铣加工职业技能等级标准、华中数控系统数控操作说明书	
课程思政		1. 执行安全、文明生产规范,严格遵守车间制度和劳动纪律; 2. 着装规范(工作服、劳保鞋),不携带与生产无关的物品进入车间; 3. 实训现场工具、量具和刀具等相关物料的定制化管理; 4. 严禁徒手清理铁屑,气枪严禁指向人; 5. 培养学生勤学好问、勤于思考、规范操作、严谨工作的求学态度	

工具/设备/材料:

类别	名　称	规格型号	单位	数量
工具	虎钳扳手		把	1
	等高垫铁		副	2
	锉刀		把	1
	胶木榔头		套	1
	活动扳手		把	1
	油石		片	若干
	卫生清洁工具		套	1

1. 工作任务

(1)独立完成数控铣床开关机检查;

(2)独立操作华中 HNC-818B 系统数控铣床;

(3)独立完成新建数控加工程序和编辑程序;

(4)独立完成数控加工程序刀路轨迹图形模拟校验;

(5)独立完成数控加工程序自动运行

2. 工作准备

(1)技术资料:工作任务卡 1 份、教材、华中数控系统数控操作说明书。

(2)工作场地:有良好的照明、通风和消防设施等条件。

(3)工具、设备:按《工具和设备》栏目准备相关工具和设备。

(4)建议分组实施教学。每 2～3 人为一组,每组配备一台数控铣床。通过分组讨论完成零件的工艺分析及加工工艺方案设计,通过演示和操作训练完成零件的加工。

(5)劳动防护:穿戴劳保用品、工作服

引导问题

① 数控机床开机是否需要回零，回零的目的是什么？

② 数控铣床工作方式有哪些？

③ 数控铣床有几种启动主轴方式？

④ 数控铣床关机的顺序是什么？

知识链接

1. 数控铣床开机前检查

① 检查机床防护门、电气控制柜门等是否已经关闭，确认机床没有其他人员正在操作或维修设备。

② 检查机床的润滑泵和冷却液箱的液位标是否在正常范围。

③ 检查机床的气压压力表是否在正常范围。

④ 检查机床操作面板上的急停按钮是否按下处于急停状态。

2. 数控铣床开机步骤

① 确认开机前检查正常后，接通车间电源控制柜里该机床的总电源。

② 再次确认机床急停按钮是否按下，合上机床侧面的强电电源开关，按下机床操作面板上的开机按钮。

③ 在系统开机的过程中，不要操作数控系统面板上的任何按钮，直到正常进入系统工作界面。

④ 如果机床的伺服系统采用增量式编码器，开机后需要进行回零操作；如果是绝对式编码器，则不需要进行回零操作。

3. 数控铣床关机步骤

① 将数控铣床的工作台移动至 X、Y 轴的中间位置。

② 将数控铣床的 Z 轴往负方向移动至中间位置，确保行程开关没有压住回零挡块和行程挡块。

③ 按下急停按钮，确认机床处于急停状态。

④ 按下机床操作面板上的关机按钮，关闭数控系统。

⑤ 断开机床侧面的强电电源开关。

⑥ 断开车间电源控制柜该机床的电源开关。

4. 华中数控 HNC-818B 系统数控铣床 MDI 键盘功能介绍

华中数控 HNC-818B 系统数控铣床 MDI 键盘如图 12-1 所示，具体的功能介绍见表 12-1。

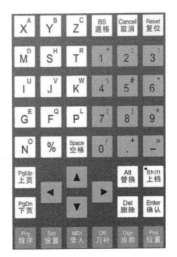

图 12-1　华中数控 HNC-818B 系统数控铣床 MDI 键盘

笔记

表 12-1　华中数控 HNC-818B 系统数控铣床 MDI 键盘功能介绍

序号	MDI 按键类型	图标	作用
1	复位键	Reset 复位	按复位键,用于取消报警、CNC 系统复位功能和停止机床当前的动作
2	功能按键:用于系统屏幕各功能显示界面切换	Prg 程序	在程序主菜单下按"选择"对应功能键,将出现界面,可以选择系统盘、U 盘,可以显示程序、程序列表和程序管理界面,可以进行查看程序、程序检索、程序后台编辑等
		Set 设置	按"设置"主菜单功能键,进入手动建立工件坐标系的方式
		MDI 录入	按 MDI 主菜单键进入 MDI 功能,用户可以从 NC 键盘输入并执行一行或多行 G 代码指令段
		Oft 刀补	按"刀补"主菜单键,图形显示窗口将出现刀补数据,可进行刀补数据设置
		Dgn 诊断	诊断界面可以查看系统的报警信息、梯形图和伺服调整等内容
		Pos 位置	按"Pos"键可以切换至各坐标系位置显示功能界面,可以查看机床的机械坐标系、绝对坐标系和相对坐标系的当前位置
3	编辑按键:用于系统屏幕各功能显示界面切换	Alt 替换	替换键,按"Alt"键替换光标当前位置的程序代码
		BS 退格	删除键,按"BS"键删除光标前一字符
		Del 删除	删除键,按"Del"键删除光标当前后一字符
		←↑↓→	光标移动键:通过四个按键可以控制光标上下左右移动
		PAGE↑ PAGE↓	上下翻页功能
		N 4 …	这些按键可以用于输入字母、字符或者数字
		Shift 上档	有些地址、数字按键上有 2 个字符,可以用"SHIFT"键进行切换输入

笔记

5. 机床操作面板功能介绍

数控机床的操作面板如图 12-2 所示,操作者在操作数控机床时,首先要正确地选择相应的工作方式才能进行相应功能的操作,例如:要编辑程序时,工作方式就要切换至编辑方式才能编辑程序,要手动移动工作台就要把工作方式切换至手动方式才能手动控制机床,机床操作面板具体功能介绍如表 12-2 所示。

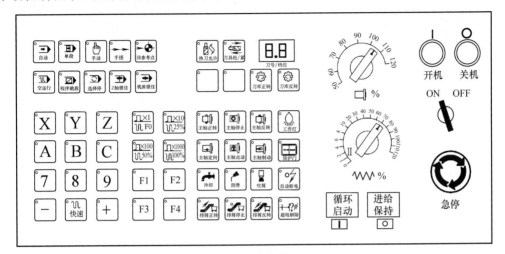

图 12-2 机床操作面板

表 12-2 数控机床操作面板功能介绍

序号	工作方式	图标	功能	可操作功能按键	
1	急停开关	急停	在机床出现紧急情况时,应及时按下急停开关	按下急停开关后,机床处于急停状态,机床操作面板各功能按键无效	笔记
2	回参考点	回参考点	控制机床运动的前提是建立机床坐标系,为此,系统接通电源、复位后首先应进行机床各轴回参考点操作	(1)如果系统显示的当前工作方式不是回零方式,按一下控制面板上面的"回参考点"按键,确保系统处于"回零"方式; (2)根据 X 轴机床参数"回参考点方向",按一下"X"以及方向键("回参考点方向"为"+"),X 轴回到参考点后,按"X"键; (3)用同样的方法使用"Z"按键,使 Z 轴回参考点; (4)所有轴回参考点后,即建立了机床坐标系	
3	自动	自动	在自动方式下可以自动运行程序	(1) 循环启动:启动运行当前的加工程序; (2) 进给保持:暂停当前运行程序的进给运动; (3) 空运行:运行程序时,程序中的进给速度无效,全部以系统参数设置的空运行速度运行程序,一般用于效验数控加工程序时使用; (4) 程序跳段:开启跳步功能时,遇到前面加"/"符号的程序段会跳过该程序段执行下一行程序; (5) 选择停:开启选择停功能时,遇到 M01 指令时程序会暂停运行,按循环启动后继续执行下一行程序;	

续表

序号	工作方式	图标	功能	可操作功能按键
3	自动	自动	在自动方式下可以自动运行程序	(6) 机床锁住：开启机床锁住功能时，机床的进给轴锁住不能移动，一般用在校验程序时； (7) 进给倍率开关，修调切削进给移动速度； (8) X1 F0 / X10 25% / X100 50% / X1000 100% 快移倍率修调开关，用于修调 G00 快速移动速度倍率； (9) 主轴转速倍率修调开关； (10) 冷却 冷却液开关，手动开关冷却液
4	单段	单段	在单段方式下可以进行程序的单段运行	单段运行：单段运行程序模式，程序每执行完一行程序自动暂停，按循环启动后继续执行下一行程序
5	录入	MDI	在 MDI 方式下可以执行简短程序，如 M03 S300 主轴正转、转速 300r/min	(1)在 MDI 方式下，可以通过 MDI 键盘输入简短程序指令通过 循环启动 按键执行该指令； (2)在 MDI 方式下可以通过 MDI 键盘修改系统参数
6	手摇	手摇	在手摇方式下可以通过手摇控制机床工作台移动	(1) 手摇轴选开关，选择手轮移动的轴； (2) 手摇倍率开关，选择手轮移动的倍率：X1 表示 0.001mm/格、X10 表示 0.01mm/格、X100 表示 0.1mm/格； (3) 手摇脉冲发生器，顺时针旋转为正方向，逆时针为负方向，手摇转动的速度和手摇的倍率开关控制工作台移动快慢
7	手动	手动	在手动方式下可以通过手动控制机床工作台移动、手动启动和停止主轴、手动换刀等	X Y Z A B C 7 8 9 — 快速 + (1)选择 X 轴、按下"＋"手动正向移动，按下"－"手动负向移动； (2)选择 Y 轴、按下"＋"手动正向移动，按下"－"手动负向移动； (3)选择 Z 轴、按下"＋"手动正向移动，按下"－"手动负向移动； (4)选择 A 轴、按下"＋"手动正向移动，按下"－"手动负向移动； (5)手动快速移动功能，与各轴手动移动按键同时使用；

笔记

128

续表

序号	工作方式	图标	功能	可操作功能按键
7	手动	手动	在手动方式下可以通过手动控制机床工作台移动、手动启动和停止主轴、手动换刀等	（6）手动进给倍率开关，修调手动移动速度； （7）快移倍率修调开关，用于修调手动快速移动速度倍率； （8）主轴手动正转、停止与反转功能； （9）主轴转速修调开关； （10）手动卸刀、装刀； （11）冷却液开关，手动开关冷却液

6. HNC-818 数控系统软件的显示界面（如图 12-3 所示）

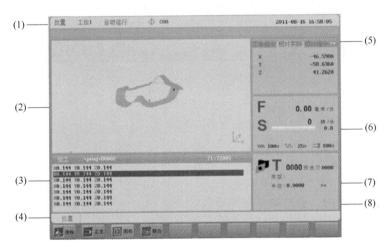

图 12-3　显示界面

笔记

（1）标题栏

①主菜单名：显示当前激活的主菜单按键。

②工位信息：显示当前工位号。

③加工方式：系统工作方式根据机床控制面板上相应按键的状态可在自动（运行）、单段（运行）、手动（运行）、增量（运行）、回零、急停之间切换。

④通道信息：显示每个通道的工作状态"运行正常""进给暂停""出错"。

⑤系统时间：当前系统时间（机床参数里可选）。

⑥系统报警信息。

（2）图形显示窗口　这块区域显示的画面，根据所选菜单键的不同而不同。

（3）G 代码显示区　预览或显示加工程序的代码。

（4）菜单命令条　通过菜单命令条中对应的功能键来完成系统功能的操作。

（5）标签页　用户可以通过切换标签页，查看不同的坐标系类型。

（6）辅助机能　自动加工中的 F、S 信息，以及修调信息。

（7）刀具信息 当前所选刀具。

（8）G 模态 & 加工时间（在"程序"主菜单下） 显示加工过程中的 G 模态，以及系统本次加工的时间。

7. 程序管理

（1）选择程序文件

在程序主菜单下按"选择"对应功能键，将出现如图 12-4 所示的界面。

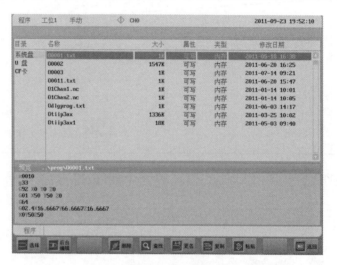

图 12-4 程序界面

笔记

选择程序文件的操作方法：

① 用"▲"和"▼"选择存储器类型（系统盘、U 盘、CF 卡），也可用"Enter"键查看所选存储器的子目录。

② 用光标键"▶"切换至程序文件列表。

③ 用"▲"和"▼"选择程序文件。

④ 按"Enter"键，即可将该程序文件选中并调入加工缓冲区。

⑤ 如果被选程序文件是只读 G 代码文件，则有［R］标识。

（2）删除程序文件

操作步骤：

① 在选择程序菜单中用"▲"和"▼"键移动光标条选中要删除的程序文件。

② 按"删除"对应功能键，按"Y"键（或"Enter"键）将选中程序文件从当前存储器上删除，按"N"则取消删除操作。

注意：删除的程序文件不可恢复。

（3）更改程序文件名

操作步骤：

① 在程序主菜单下，选择一个文件。

② 按"更名"对应功能键。

③ 在编辑框中，输入新的文件名。

④ 按"Enter"键以确认操作。

注意：用户不能修改正在加工的文件的文件名。

（4）编辑程序文件

系统加工缓冲区已存在程序：用户按"程序"→"编辑"对应功能键，即可编辑当前载入的文件。

系统加工缓冲区不存在程序：用户按 "程序" → "编辑" 对应功能键，系统自动新建一个文件，用户按 "Enter" 键后，即可编写新建的加工程序。

（5）新建程序文件

操作步骤：

① 按 "程序" → "编辑" → "新建" 对应功能键；

② 输入文件名后，按 "Enter" 键确认后，就可编辑新文件了。

（6）保存程序文件

操作步骤：按 "程序" → "编辑" → "保存" 对应功能键，系统则完成保存文件的工作。

 制订工作计划

1. 独立完成数控机床开机与关机，并描述开关机的具体操作步骤。

📄 笔记

2. 独立完成新建数控加工程序，并描述新建加工程序的操作步骤。

3. 在自动方式下，调用数控加工程序，并描述具体操作流程。

执行工作计划

序号	操作流程	工作内容	学习问题反馈
1	机床开机	检查机床→开机→低速热机→回机床参考点（先回 Z 轴，再回 X、Y 轴）	
2	手动控制主轴正反转	在手动方式下，手动控制主轴正反转，通过主轴转速修调开关调整主轴转速	
3	手动移动工作台	在手动方式下操作工作台各方向移动，通过手动进给倍率修调开关调整手动移动速度	
4	手动快速移动工作台	在手动方式下快速操作工作台各方向移动，通过手动快移倍率修调开关调整手动快速移动速度	
5	手摇移动工作台	在手摇方式下操作机床工作台，切换手摇轴和手摇倍率开关	
6	手动换刀	在手动方式下手动切换刀架	
7	开关冷却液	手动打开和关闭冷却液	
8	录入方式启动主轴	在录入方式下启动主轴，主轴正转，转速 300r/min	
9	新建程序	在编辑方式下，新建数控加工程序，并完成程序的编辑	
10	机床关机	移动工作台至各轴中间位置→检查机床→关机	

笔记

考核与评价

职业素养考核

作为一门专业实践课，课程思政的考核重点是学生的职业素养、操作规范与劳动教育，是贯穿整个课程的过程性考核，具体评价项目及标准见表12-3。

表 12-3 职业素养考核评价标准

考核项目		考核内容	配分	扣分	得分
加工前准备	纪律	服从安排；场地清扫等。违反一项扣1分	2		
	安全生产	安全着装；按规程操作等。违反一项扣1分	2		
	职业规范	机床预热、按照标准进行设备点检。违反一项扣1分	4		
加工操作过程	打刀	每打一次刀扣2分	4		
	文明生产	工具、量具、刀具定制摆放、工作台面的整洁等。违反一项扣1分	4		
	违规操作	用砂布、锉刀修饰；锐边没倒钝，或倒钝尺寸太大等没按规定的操作行为，扣1~2分	2		
加工结束后设备保养	清洁、清扫	清理机床内部的铁屑，确保机床表面各位置的整洁，清扫机床周围的卫生，做好设备的保养。违反一项扣1分	4		
	整理、整顿	工具、量具的整理与定制管理。违反一项扣1分	4		
	素养	严格执行设备的日常点检工作。违反一项扣1分	4		
出现撞机床或工伤		出现撞机床或工伤事故整个测评成绩记0分			
合 计			30		

总结与提高

1. 任务实施情况分析

任务完成后,学员根据任务实施情况,分析存在的问题及原因,并填写表 12-4。指导老师对任务实施情况进行讲评。

表 12-4　数控铣床操作任务实施情况分析表

任务实施过程	存在的问题	解决的办法
机床操作		
安全文明生产		

2. 总结

① 开关机前应先确认没有人在操作数控机床。

② 严禁多人同时操作一台机床,每次只允许一个人操作机床,在操作机床时其他人严禁操作机床操作面板、MDI 键盘等功能部件。

③ 移动机床时要注意工作台的位置,避免发生机床碰撞事故。

④ 操作机床前应先检查操作者的着装是否规范,安全防护是否到位。

⑤ 启动主轴前应关闭机床防护门,以确保操作者的安全。

⑥ 操作机床前应先确认机床的工作方式是否正确。

⑦ 出现紧急状况应先按下急停按钮,并报告指导老师。

⑧ 每次实训下班前应按照 6S 管理的规范与标准整理实训现场。

📖 笔记

任务十三　数控铣床常用刀具的安装及对刀操作

工作任务卡

任务编号	13	任务名称	数控铣床常用刀具的安装及对刀操作
设备型号	VMC650/850	工作区域	数控实训中心-数控车削教学区
版本	V1	建议学时	2学时
参考文件		1+X数控车铣加工职业技能等级标准、HNC-818B系统数控操作说明书	
课程思政	1. 执行安全、文明生产规范,严格遵守车间制度和劳动纪律; 2. 着装规范(工作服、劳保鞋),不携带与生产无关的物品进入车间; 3. 实训现场工具、量具和刀具等相关物料的定制化管理; 4. 严禁徒手清理铁屑,气枪严禁指向人; 5. 培养学生爱岗敬业、工作严谨、精益求精的职业素养		

笔记

工具/设备/材料:

类别	名称	规格型号	单位	数量
工具	虎钳扳手		把	1
	等高垫铁		副	2
	锉刀		把	1
	胶木榔头		套	1
	活动扳手		把	1
	油石		片	若干
	卫生清洁工具		套	1
量具	游标卡尺		把	1
刀具	ϕ16立铣刀		把	1
耗材	板材(45钢)		块	1

1. 工作任务

独立完成 ϕ16立铣刀的装刀及对刀操作

2. 工作准备

(1)技术资料:工作任务卡1份、教材、HNC-818B数控系统操作说明书。

(2)工作场地:有良好的照明、通风和消防设施等条件。

(3)工具、设备:按《工具和设备》栏目准备相关工具和设备。

(4)建议分组实施教学。每2~3人为一组,每组配备一台数控铣床。通过分组讨论完成零件的工艺分析及加工工艺方案设计,通过演示和操作训练完成零件的加工。

(5)劳动防护:穿戴劳保用品、工作服

引导问题

① 常用数控铣刀类型有哪些？

② 数控铣刀刀柄有哪些？

③ 第一次对刀完成后，工件没有拆动，换刀后需要对哪个轴？

知识链接

1. 常用的刀具

（1）立铣刀　立铣刀是加工中最常用的。按照制造材质不同可以分为白钢铣刀、钨钢铣刀。也可按照用途分为铝用铣刀、钢用铣刀。如图 13-1 所示。

(a) 白钢铣刀　　　　(b) 钨钢铣刀　　　　　(c) 铝用铣刀

图 13-1　立铣刀

白钢铣刀由于造价便宜一般用来加工要求不是很高的产品，如开粗以及一些表面要求不高的产品。

铝用铣刀主要铣削铝，加工起来有利于产品表面光泽，如果用来加工钢铁一类，那么很容易磨损。

加工钢铁一类的钢铣刀，因为表面有镀层，容易耐高温。加工时主轴转速可以适当减慢。

（2）中心钻　实际加工中，主要用于孔的定位，如图 13-2 所示。

（3）钻头（标准麻花钻）　钻头是相当普遍使用的。主要用来打孔，而且这是加工中普遍需要用到的，如图 13-3 所示。

筆记

图 13-2　中心钻

图 13-3　钻头（标准麻花钻）

（4）面铣刀 也可称作飞刀。主要用来铣表面，用于大面积铣削材料，当然如果平面度要求高的话，容易引起产品表面变形。转速不宜过快，如图 13-4 所示。

（5）圆鼻刀 可以用来铣平面，作用功能也是相当丰富的，如图 13-5 所示。

图 13-4 面铣刀

图 13-5 圆鼻刀

（6）键槽铣刀 常用的键槽铣刀是两刃的，加工时出屑顺畅，如图 13-6 所示。

图 13-6 键槽铣刀

图 13-7 球刀

（7）球刀 在加工曲面中常用到。一般编程时需要用到宏程序或者软件编程，如图 13-7 所示。

（8）铰刀 一般只能矫正孔的垂直度，而不能改变孔的位置，在孔精加工中也是常用的，如图 13-8 所示。

2. 刀具的安装过程

安装刀具时，先准备好刀柄、拉钉、刀套、立铣刀、装刀台、刀柄扳手，下面以弹簧刀柄为例，如图 13-9 所示。

图 13-8 铰刀

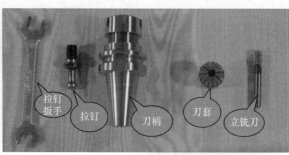

图 13-9 分解图

先将拉钉放到刀柄中拧紧，将螺母拧下，与刀套配合后拧回刀柄上，刀具的刀柄部位全部放进刀套中，将锁紧螺母拧紧即可，安装步骤如图 13-10 所示。

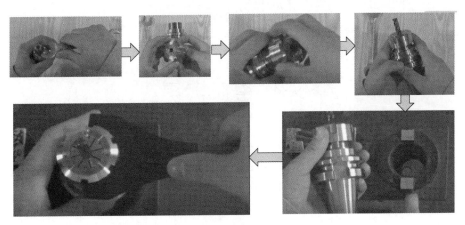

图 13-10　刀具安装过程

3. 对刀的操作步骤

以 100mm×100mm 对称零件图形对刀为例。假定以工件的上表面几何中心作为工件坐标系原点，采用试切对刀法对刀过程如下：

（1）加工零件安装，工件定位、夹紧（机用虎钳）

① 定位方面：用机用虎钳固定钳口，根据加工精度要求与工作台 X 轴或 Y 轴控制平行度（用百分表校正）。

② 夹紧方面：控制工件变形和上翘（用百分表检查工件的上表面是否上翘），保证足够夹紧力，必要时使用铜锤轻敲以确定工件底面与等高垫铁可靠接触。

（2）独立将 1 把刀具安装到刀柄上　注意：卸刀座上装刀，用扳手逆时针方向松开锁紧螺母，顺时针方向锁紧螺母。

（3）将刀柄安装到主轴上，启动主轴 300r/min

① 在手动、MDI 方式下，按下立柱上主轴刀具松开按钮，装上弹簧夹头刀柄。

② 用手握住刀柄，防止自然落下损坏刀具及工作台。

（4）手动方式快速将刀具移动到接近工件附近

（5）切换到手轮方式，通过手轮来进行对刀（小范围移动量）

（6）先进行 X 方向对刀过程的操作　如图 13-11 所示。

① 使刀具沿 X 轴方向靠近工件的（左侧）被测基准边，改变手轮倍率，直到刀具的侧刃稍微接触到工件（以听到刀刃与工件的摩擦声为准，最好没有切屑），光标移动至 A 点的 X 轴坐标，点击读测量值。

② 抬刀离开工件，保持 Y 坐标值不变，使刀具沿 X 轴方向靠近工件的（右侧）被测基准边，直到刀具的侧刃稍微接触到工件，光标移动至 B 点的 X 轴坐标，点击读测量值。

③ Y 轴以相同的方式进行对刀即可。

④ Z 轴直接手轮方式试切工件上表面即可。

⑤ X、Y、Z 三轴对完后设定 G54 坐标系即可，如图 13-12 所示。

4. 数控铣床间接对刀操作

步骤 1：提出任务要求，引入间接对刀的必要性和方法

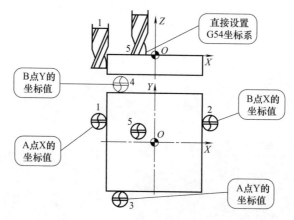

图 13-11　对刀示意图

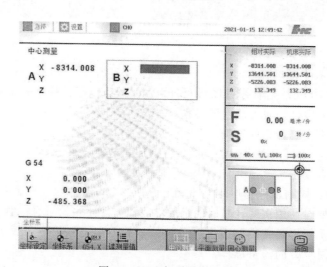

图 13-12　坐标系设定界面

任务要求：回顾试切法对刀的基本步骤，提出问题；如果零件最后精加工时不能破坏已加工表面，如何建立工件坐标系？为了保护好零件已加工表面，同时准确找到工件坐标系，这时需要通过间接对刀工具，建立工件坐标系。

步骤 2：数控铣床的间接对刀工具及方法

① 偏心式机械寻边器（图 13-13）　为机械回转结构，上端为夹持部分，一般直径为 10mm；下端为对刀部分，绕上端轴线偏心旋转，大头直径为 10mm，小头直径为 4mm。机床主轴中心距被测表面的距离为测量圆柱的半径值。

② 光电式寻边器（图 13-14）　光电式寻边器上部分为夹持部分，常见直径为 20mm，下端测头一般为 10mm 的钢球，用弹簧拉紧在光电式寻边器的测杆上，碰到工件时可以退让，并将电路导通，发出光讯号。通过光电式寻边器的指示和机床坐标位置可得到被测表面的坐标位置。利用测头的对称性，还可以测量一些简单的尺寸。

主要特点：对刀时寻边器不需回转；可快速对工件边缘定位；对刀精度可达 0.005mm；应用范围包括表面边缘、内孔及外圆的高效对刀。

③ 光电式/指针式 Z 轴对刀器　主要用于确定工件坐标系原点在机床坐标系的 Z 轴坐标，或者说是确定刀具在机床坐标系中的高度。Z 轴对刀器有光电式和指针式等类型（如图 13-15），通过光电指示或指针，判断刀具与对刀器是否接触，对刀精度一

一般可达（100.0±0.0025）mm，对刀器标定高度的重复精度一般为 0.001～0.002mm。对刀器带有磁性表座，可以牢固地附着在工件或夹具上。Z 轴对刀器高度一般为 50mm 或 100mm。

图 13-13　偏心式机械寻边器

图 13-14　光电式寻边器

步骤 3：数控铣床的间接对刀操作过程

数控铣床常采取偏心式寻边器对刀，以 100mm×100mm 工件对刀为例。假定以工件上表面几何中心作为工件坐标系零点，对刀过程如下：

（1）X、Y 轴偏心寻边器对刀

① 将偏心式寻边器的上端 10mm 直柄安装于弹簧夹头刀柄或钻夹头刀柄上。

图 13-15　光电式/指针式 Z 轴对刀器

② 以手指轻压测头的侧边，使其偏心 0.5mm，然后使其以 400～600r/min 的速度转动，这时形成偏心转动（注意：转速不能过高，否则将损毁寻边器）。

③ 下刀，缓慢靠碰工件左侧，这时测头不再振动，宛如静止的状态接触，下端由偏心回转慢慢变成同心回转，若以更细微的进给来碰触移动的话，测头就会开始朝一定的方向滑动，这个滑动起点就是所要寻求的基准位置，将此位置记为 A 点 X 轴坐标。

④ Z 轴抬刀，移动主轴至工件右侧，同样方法缓慢靠近工件右侧，正好接触到工件右侧，慢慢地碰触移动，寻边器按偏心—同心—偏心运动瞬间即为工件右侧的基准位置，将此位置记为 B 点 X 轴坐标。

⑤ Y 轴对刀同理。

⑥ 点击位置，设定 G54 坐标系即可。

（2）X、Y 轴光电寻边器对刀

① 将光电式寻边器的上端 20mm 直柄安装于弹簧夹头刀柄上。

② 手轮方式下刀，刀具静止缓慢靠近工件左侧，以×100 倍率靠碰工件侧边，当钢球正好碰触到零件此时寻边器发出蜂鸣声和光亮，后退一格，再以×10 倍率靠碰工件侧边，当钢球正好碰触到零件此时寻边器发出蜂鸣声和光亮，后退一格，同理再以×1 倍率靠碰工件侧边，当寻边器发出光亮时，寻边器当前所在位置就是所要寻求的基准位置，将此位置记为 A 点 X 轴坐标。

③ Z 轴抬刀，移动主轴至工件右侧，同样方法×100、×10、×1 倍率缓慢靠近工件右侧，当以×1 倍率靠碰工件侧边，寻边器发出光亮时即为工件右侧的基准位置，将此位置记为 B 点 X 轴坐标。

④ Y 轴对刀同理。

笔记

⑤ 点击位置，设定 G54 坐标系即可。

（3）Z 轴对刀

① 将刀具装在主轴上，将 Z 轴对刀器吸附在已经装夹好的工件或夹具平面。

② 快速移动工作台和主轴，让刀具端面靠近 Z 轴对刀器上表面。

③ 改用步进或手轮微调操作，让刀具端面慢慢接触到 Z 轴对刀器上表面，直到 Z 轴对刀器发光或指针指示到零位。

④ 记下机床坐标系中的 Z 值数据。在菜单位置—坐标设定—G54 坐标设置，将刀具当前 Z 轴机床坐标减去 Z 轴对刀器的高度，然后输入至 G54 Z 轴存储单元中，即完成了 Z 轴的对刀过程。

 制订工作计划

1. 独立完成强力刀柄与立铣刀的安装，并描述装刀过程及注意事项。

笔记

2. 独立完成弹簧刀柄与立铣刀的安装，并描述装刀过程及注意事项。

执行工作计划

序号	操作流程	工作内容	学习问题反馈
1	强力刀柄与立铣刀的安装	(1)强力刀柄的组成； (2)强力刀柄的安装	
2	立铣刀的对刀操作	(1)立铣刀 X、Y 轴方向对刀； (2)立铣刀 Z 轴方向对刀	
3	弹簧刀柄与立铣刀的安装	(1)弹簧刀柄的组成； (2)弹簧刀柄的安装	

考核与评价

职业素养考核

作为一门专业实践课，课程思政的考核重点是学生的操作规范与职业素养，是贯穿整个课程的过程性考核，具体评价项目及标准见表 13-1。

笔记

表 13-1　职业素养考核评价标准

考核项目		考核内容	配分	扣分	得分
加工前准备	纪律	服从安排；场地清扫等。违反一项扣 1 分	2		
	安全生产	安全着装；按规程操作等。违反一项扣 1 分	2		
	职业规范	机床预热、按照标准进行设备点检。违反一项扣 1 分	4		
加工操作过程	打刀	每打一次刀扣 2 分	4		
	文明生产	工具、量具、刀具定制摆放、工作台面的整洁等。违反一项扣 1 分	4		
	违规操作	用砂布、锉刀修饰；锐边没倒钝，或倒钝尺寸太大等没按规定的操作行为，扣 1～2 分	2		
加工结束后设备保养	清洁、清扫	清理机床内部的铁屑，确保机床表面各位置的整洁，清扫机床周围的卫生，做好设备的保养。违反一项扣 1 分	4		
	整理、整顿	工具、量具的整理与定制管理。违反一项扣 1 分	4		
	素养	严格执行设备的日常点检工作。违反一项扣 1 分	4		
出现撞机床或工伤		出现撞机床或工伤事故整个测评成绩记 0 分			
合　计			30		

总结与提高

1. 任务实施情况分析

任务完成后，学员根据任务实施情况，分析存在的问题及原因，并填写表 13-2。指导老师对项目实施情况进行讲评。

表 13-2　数控铣床操作任务实施情况分析表

任务实施过程	存在的问题	解决的办法
强力刀柄的安装		
弹簧刀柄的安装		
立铣刀的对刀		

2. 总结

① 装刀时刀具不宜伸出过长；

② 安装强力刀柄和弹簧刀柄都要拧紧锁紧螺母，防止刀具在刀套中自转，从而打刀；

③ 进行 X、Y 轴对刀时每接触一个点位应及时输入到对应的坐标点内；

④ 在输入 Z 轴对刀测量数值时要注意刀具不能抬离工件表面，输入坐标系后再抬刀；

⑤ 强调 6S 管理的规范与标准，整理实训现场。

笔记

任务十四　数控铣床维护与保养规范

工作任务卡

任务编号	14	任务名称	数控铣床维护与保养规范
设备型号	VMC650	工作区域	数控实训中心-数控铣削教学区
版本	V1	建议学时	2 学时
参考文件	1+X 数控车铣加工职业技能等级标准、华中 818B 数控系统操作说明书		
课程思政	1. 执行安全、文明生产规范,严格遵守车间制度和劳动纪律; 2. 着装规范(工作服、劳保鞋),不携带与生产无关的物品进入车间; 3. 工量具和刀具定制管理; 4. 严禁徒手清理铁屑,气枪严禁指向人; 5. 数控铣床维护保养; 6. 培养学生爱岗敬业、热爱劳动、敬重装备、敬畏生命、乐于奉献职业态度		

工具/设备/材料:

类别	名　称	规格型号	单位	数量
工具	虎钳扳手		把	1
	内六角扳手		套	1
	活动扳手		把	1
	卫生清洁工具		套	1
量具				
刀具				
耗材				

1. 工作任务

(1)了解数控铣床维护保养流程;

(2)熟悉数控铣床三级保养内容和保养记录表;

(3)独立完成数控铣床一级保养操作;

(4)熟悉数控铣床实训现场 6S 管理规范

2. 工作准备

(1)技术资料:工作任务卡 1 份、教材、华中 818B 系统数控操作说明书。

(2)工作场地:有良好的照明、通风和消防设施等条件。

(3)工具、设备:按《工具和设备》栏目准备相关工具和设备。

(4)建议分组实施教学。每 2～3 人为一组,每组配备一台数控铣床。通过分组讨论完成数控铣床的维护保养规范、三级保养内容及实训现场 6S 管理规范,通过演示和操作训练完成数控铣床的一级保养和实训现场 6S 管理操作规范。

(5)劳动防护:穿戴劳保用品、工作服

143

引导问题

① 数控铣床是否需要定期维护保养？

② 数控铣床三级保养的内容有哪些？

③ 数控铣床现场 6S 管理是否有必要？

④ 数控铣床保养都由机床维修人员完成？

知识链接

数控铣床的三级保养制度。

1. 一级保养

一级保养就是每天的日常维护保养，在数控铣床工作前、工作中、工作后的日常维护事项。

不同型号的数控机床日常维护的内容和要求不完全一样，对于具体的机床，说明书中都有明确的规定，但总的说来包括以下几个方面：

（1）安全操作基本注意事项

① 工作时请穿好工作服、安全鞋，戴好工作帽及防护镜。注意：不允许戴手套操作机床。

② 注意不要移动或损坏安装在机床上的警告标牌。

③ 注意不要在机床周围放置障碍物，工作空间应足够大。

④ 某一项工作需要两人或多人共同完成时，应注意相互之间的协调一致。

⑤ 禁止用压缩空气清扫机床、电气柜或 NC 单元的卫生。

（2）工作前的准备工作

① 机床开始工作前要有预热，认真检查润滑系统工作是否正常，如机床长时间未开动，可先采用手动方式向各部分供油润滑。

② 使用的刀具应与机床允许的规格相符，有严重破损的刀具应及时更换。

③ 调整刀具所用的工具不要遗忘在机床内。

④ 刀具安装后应完成对刀后才能加工。

⑤ 检查虎钳夹紧工作的状态。

⑥ 机床开始自动加工前，必须关好机床防护门。

⑦ 检查压缩空气输入端压力，要求气路畅通，压力正常。

（3）工作过程中的安全注意事项

① 禁止用手接触刀尖和铁屑，铁屑必须要用铁钩子或毛刷来清理。

② 禁止用手或其他任何方式接触正在旋转的主轴、工件或其他运动部位。

③ 禁止加工过程中测量零件、变换主轴挡位，更不能用布条等东西擦拭工件，也不能清扫机床。

④ 铣床运转中，操作者不得离开岗位，机床发现异常现象立即停车。

⑤ 铣床运行过程中发现异常情况，应立即报告实训指导教师，由专业的维修人员进行检查。

⑥ 在零件自动加工过程中，不允许打开机床防护门。

笔记

⑦ 吹气枪限在本台设备上使用，不得拉伸到别的机器上使用，以防损坏，用完后立即放回原处，以免乱挂被机器夹坏或者气管被切屑扎漏。

⑧ 严格遵守岗位责任制，机床由专人使用，其他人员不得随意操作运行中的设备。

⑨ 工作结束后首先切断电源，然后进行保养工作。

⑩ 清洁机床周围环境，严格按 6S 管理要求进行管理。

⑪ 在记录本上做好机床运行情况记录，填写好机床保养记录表。

2. 二级保养

二级保养需要每个月进行一次维护保养，一般在月底或月初，在学校实训教学过程中一般在每个班级完成所有的实训项目时进行。二级保养一般按照数控机床的部位划分来进行保养，需要在实训指导教师的指导下进行。

（1）工作台

① 台面及 T 形槽，要求清洁、无毛刺。

② 对于可交换工作台，检查托盘上下表面及定位销。要求清洁、无毛刺。

（2）主轴装置

① 主轴锥孔，要求光滑、清洁。

② 主轴拉刀机构，要求安全、可靠。

（3）各坐标进给传动系统

① 检查、清洁各坐标传动机构及导轨和毛毡或刮屑器。要求清洁无污、无毛刺。

② 对于采用增量式编码器的数控机床，检查各轴的限位开关、减速开关、零位开关及机械保险机构。要求清洁无污、安全、可靠。

（4）气动系统

① 清洗过滤器。要求清洁无污。

② 气路、压力表。要求无泄漏，压力、流量符合技术要求，压力指示灯符合规定，指示灵敏、准确，并且在定期校验时间范围内。

（5）润滑系统

① 检查润滑泵、压力表。要求无泄漏、压力符合技术要求。

② 检查油路及分油器。要求清洁无污、油路畅通、无泄漏。

③ 检查清洗滤油器、油箱。要求清洁无污。

④ 检查主轴箱油液位标的油位。要求润滑油必须加至油标上限。

（6）冷却液系统

① 清洗冷却液箱，必要时更换冷却液。要求清洁无污、无泄漏，冷却液不变质。

② 检查冷却液泵、液路，清洗过滤器。要求无泄漏，压力、流量符合技术要求。

（7）整机外观

① 全面擦拭机床表面及死角。要求漆见本色、金属面见光。

② 清理电器柜内灰尘。要求清洁无污。

③ 清洗各排风系统及过滤网。要求清洁，可靠。

④ 清理、清洁机床周围环境。按要求按照 6S 管理标准进行管理。

3. 三级保养

三级保养通常每半年或者每年进行一次保养，学校可以在每一个学期期末进行保养。三级保养首先要完成二级保养的内容，还要对数控机床几何精度的重要指标和数

笔记

控机床的运动精度进行检测和调整，因此三级保养需要数控设备维修维护的专业知识，一般由专业的技术人员或者专业教师进行具体保养操作。

① 主要几何精度，如床身水平，主轴和进给轴的相关几何精度检验项目。要求调整到符合出厂检验标准。

② 检测各轴的定位精度、重复定位精度以及反向误差。要求调整到符合出厂检验标准。

4. 教学现场管理规范

（1）数控铣削实训教学区现场设备管理规范　　如图 14-1、图 14-2 所示。

图 14-1　数控铣削实训教学区设备定制化管理

笔记

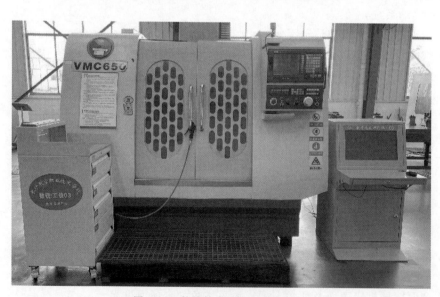

图 14-2　数控铣床工位定制化管理

（2）数控铣削工具柜定制管理规范　　如图 14-3 所示，数控铣削工具柜采用分层分类的定制化管理标准，常用的铣削刀具放置在工具柜上方的刀具座上。

① 数控铣削工具柜的第一层装有常用的工具和铣削刀具，如图 14-4 所示。

② 数控铣削工具柜的第二层装有常用的量具，如图 14-5 所示。

③ 数控铣削工具柜的第三层装有常用的清洁工具，如图 14-6 所示。

图 14-3　数控铣工具柜分层
定制化管理

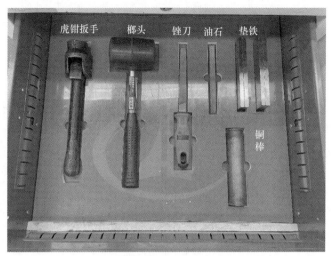

图 14-4　数控铣削工具柜常用工具层定制管理

📝**笔记**

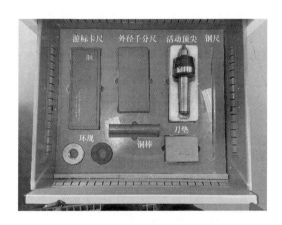

图 14-5　数控铣削工具柜常用量具层定制管理

图 14-6　数控铣削工具柜常用清洁工具层定制管理

制订工作计划

笔记

数控铣床一级保养记录表

设备名称：　　型号：　　设备编号：　　所属车间：　　检查时间：　　年　　月　　

检查周期：每天

检查项目	序号	检查内容	检查方法	检查标准	日	日	日	日	日	日	日	日
电气系统	1	操作面板各按钮是否完整	看、试	动作正常								
	2	电机运行声音是否正常	听	无异响								
	3	系统是否有异常	看	无报警								
	4	电气控制柜冷却风扇运行是否正常	手感应	有风流动感								
润滑	1	润滑油位	看	在油标上下限位之间								
	2	各导轨是否有润滑油	手摸	导轨有油膜								
机械	1	刀具工装是否有松动	动手紧固	无松动								
	2	主轴和进给系统是否异常	听、试	无异响								
	3	工作台面是否正常	手摸	工作台面无损伤								
清洁	1	设备外表是否清洁	手摸	无油污灰尘								
	2	工具柜里面的工量具定制管理	看	无乱摆放								
	3	设备铁屑是否清理干净	看	无残留铁屑								
	4	冷却风扇过滤网是否清理干净	气吹	无灰尘								
	5	现场是否有三漏	擦扶、看	无溢流								

数控铣床二级保养记录表

设备名称：　　型号：　　设备编号：　　所属车间：　　检查时间：　　年　　月　　检查周期：每周

检查项目	序号	检查内容	检查方法	检查标准	日	日	日	日	日
工作台	1	机床工作台面及T形槽	看、手摸	要求清洁，无毛刺					
	2	对于可交换工作台，检查托盘上下表面及定位销	看、手摸	要求清洁，无毛刺					
主轴装置	1	主轴锥孔	看、手摸	要求光滑、清洁					
	2	主轴拉刀机构	试	要求安全、可靠					
进给传动系统	1	检查、清洁各坐标传动机构及导轨和毛毡或刮屑器	看	要求清洁无污、无毛刺					
	2	对于采用增量式编码器的数控铣床，检查各轴的限位开关、减速开关、零位开关及机械保险机构	看	要求清洁无污，安全、可靠					
气动系统	1	清洗过滤器	看	要求清洁无污					
	2	气路、压力表	看	要求无泄漏，压力、流量符合技术要求，压力指示灯符合规定，指示灵敏、准确					
润滑系统	1	检查润滑泵、压力表	看	要求无泄漏，压力符合技术要求					
	2	检查油路及分油器	看	要求清洁无污，油路畅通，无泄漏					
	3	检查清洗滤油器、油箱	看	要求清洁无污					
	4	检查主轴箱润滑油标的油位	看	要求润滑油必须加至油标上限					
冷却液系统	1	清洗冷却液箱，必要时更换冷却液	看、摸	要求清洁无污，无泄漏，冷却液不变质					
	2	检查冷却泵、液路，清洗过滤器	看	要求无泄漏，压力、流量符合技术要求					
整机外观	1	全面擦试机床表面及死角	看、摸	要求漆见本色，金属面见光					
	2	清理电器柜内灰尘	看、摸	要求清洁无污					
	3	清洗各排风系统及过滤网	看、摸	要求清洁、可靠					
	4	清理、清洁机床周围环境	看	按要求按照6S管理标准进行管理					

笔记

笔记

数控铣床三级保养记录表

设备名称：　　　　型号：　　　　设备编号：　　　　所属车间：　　　　检查时间：　　年　　月　　日

序号	检查内容	检查方法	检查标准	检查情况记录
1	数控铣床床身水平	通过水平仪检测，并动手调整	符合国标要求	
2	X 轴线运动的直线度	通过平尺和千分表打表检测，并动手调整	符合国标要求	
3	Y 轴线运动的直线度	通过平尺和千分表打表检测，并动手调整	符合国标要求	
4	Z 轴线运动的直线度	通过平尺和千分表打表检测，并动手调整	符合国标要求	
5	Z 轴线运动和 X 轴线运动间的垂直度	通过平尺，角尺和千分表打表检测，并动手调整	符合国标要求	
6	Z 轴线运动和 Y 轴线运动间的垂直度	通过平尺，角尺和千分表打表检测，并动手调整	符合国标要求	
7	Y 轴线运动和 X 轴线运动间的垂直度	通过平尺，角尺和千分表打表检测，并动手调整	符合国标要求	
8	主轴的周期性轴向窜动	通过检验棒和千分表打表检测，并动手或光学	符合国标要求	
9	主轴端面跳动	通过检验棒和千分表打表检测，并动手调整	符合国标要求	
10	主轴锥孔的径向跳动	通过检验棒和千分表打表检测，并动手调整	符合国标要求	
11	主轴轴线和 Z 轴运动间的平行度	通过平尺和千分表打表检测，并动手调整	符合国标要求	
12	主轴轴线和 X 轴运动间的垂直度	通过平尺和千分表打表检测，并动手调整	符合国标要求	
13	主轴轴线和 Y 轴运动间的垂直度	通过平尺，角尺和千分表打表检测，并动手调整	符合国标要求	
14	工作台面的平面度	通过精密水平仪或平尺、量块、千分表或光学方法检测，并动手调整	符合国标要求	
15	工作台面和 X 轴线运动间的平行度	通过平尺和千分表打表检测，并动手调整	符合国标要求	
16	工作台面和 Y 轴线运动间的平行度	通过平尺和千分表打表检测，并动手调整	符合国标要求	
17	0°位置时工作台的基准 T 形槽和 X 轴线运动间的平行度	通过千分表检测，并动手调整	符合国标要求	
18	数控铣床的定位精度	通过激光干涉仪检测，并补偿调整	符合国标要求	
19	数控铣床的反向间隙	通过激光干涉仪或者千分表检测，并补偿调整	符合国标要求	
20	数控铣床的重复定位精度	通过激光干涉仪检测，并补偿调整	符合国标要求	

执行工作计划

检查项目	序号	检查内容	检查方法	学习问题反馈
		数控铣床一级维护保养操作规范		
电气系统	1	操作面板各按钮是否完整	看、试	
	2	电机运行声音是否正常	听	
	3	系统是否异常	看	
	4	电气控制柜冷却风扇运行是否正常	手感应	
润滑	1	润滑油位	看	
	2	各导轨是否有润滑油	手摸	
机械	1	刀具工装是否有松动	动手紧固	
	2	主轴和进给系统是否异常	听、试	
	3	工作台面是否正常	试	
清洁	1	设备外表是否清洁	手摸	
	2	工具柜里面的工量具定制管理	看	
	3	设备铁屑是否清理干净	看	
	4	冷却风扇过滤网是否清理干净	气吹	
	5	现场是否有三漏	擦拭、看	

📋笔记

- - - - - - - - - -

- - - - - - - - - -

- - - - - - - - - -

- - - - - - - - - -

- - - - - - - - - -

- - - - - - - - - -

- - - - - - - - - -

- - - - - - - - - -

- - - - - - - - - -

- - - - - - - - - -

- - - - - - - - - -

- - - - - - - - - -

- - - - - - - - - -

- - - - - - - - - -

考核与评价

职业素养考核

作为一门专业实践课，课程思政的考核重点是职业素养、操作规范和劳动教育，是贯穿整个课程的过程性考核，具体评价项目及标准见表 14-1。

表 14-1 职业素养考核评价标准

考核项目	考核内容	配分	扣分	得分
实训纪律	服从安排；场地清扫等。违反一项扣 5 分	10		
安全生产	安全着装；按规程操作等。违反一项扣 5 分	10		
职业规范	机床预热、按照标准进行设备点检。违反一项扣 5 分	10		
文明生产	工具、量具、刀具定制摆放、工作台面的整洁等。违反一项扣 5 分	10		
清洁、清扫	清理机床内部的铁屑，确保机床表面各位置的整洁，清扫机床周围的卫生，做好设备的保养。违反一项扣 5 分	20		
整理、整顿	工具、量具的整理与定制管理。违反一项扣 5 分	20		
职业素养	严格执行设备的日常点检工作。违反一项扣 5 分	20		
合计		100		

 笔记

总结与提高

1. 任务实施情况分析

任务完成后，学员根据任务实施情况，分析存在的问题及原因，并填写表 14-2。指导老师对项目实施情况进行讲评。

表 14-2 数控车床维护与保养任务实施情况分析表

任务实施过程	存在的问题	解决的办法
设备保养		
工量具定置管理		
现场环境清洁		
现场 6S 管理		

2. 总结

产品精度、质量、生产效率与维护保养的关系：在企业生产中，数控机床能否达到加工精度、产品质量稳定、提高生产效率的目标，这不仅取决于机床本身的精度和性能，很大程度上也与操作者在生产中能否正确地使用和对数控机床进行维护保养。数控机床不能等到设备出问题了，再依靠维修人员如何排除故障和及时修复故障。只有坚持做好对机床的日常维护保养工作，才可以长期保证数控机床精度，延长数控机床的使用寿命，也才能充分发挥数控机床的加工优势。

因此无论对数控机床的操作者还是数控机床维修人员，数控机床的维护和保养都非常重要，必须高度重视，做好日常检查定期维护。

模块 二

岗位基本技能

任务十五　平面数控铣削加工

 工作任务卡

任务编号	15	任务名称	平面数控铣削加工
设备型号	VMC650/850	工作区域	数控实训中心-数控铣削教学区
版　本	V1	建议学时	6 学时
参考文件		1+X 数控车铣加工职业技能等级标准、HNC-818B 数控系统操作说明书	
课程思政	1. 执行安全、文明生产规范,严格遵守车间制度和劳动纪律; 2. 着装规范(工作服、劳保鞋),不携带与生产无关的物品进入车间; 3. 实训现场工具、量具和刀具等相关物料的定制化管理; 4. 检查量具检定日期; 5. 严禁徒手清理铁屑,气枪严禁指向人; 6. 培养学生爱岗敬业、热爱劳动、规范操作、严守流程、团队协作的职业素养		

工具/设备/材料:

类别	名　称	规格型号	单位	数量
工具	虎钳扳手		把	1
	等高垫铁		副	2
	锉刀		把	1
	胶木榔头		套	1
	活动扳手		把	1
	油石		片	若干
	卫生清洁工具		套	1
量具	钢直尺	0~300mm	把	1
	游标卡尺	0~200mm	把	1
刀具	立铣刀	φ16	把	1
耗材	板材	100mm×80mm×32mm		按图样

1. 工作任务

加工如图 15-1 所示零件,毛坯为 100mm×80mm×32mm 的板材,材料为 45 钢

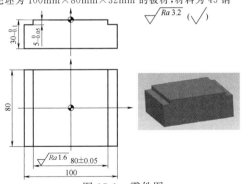

图 15-1　零件图

2. 工作准备

(1)技术资料:工作任务卡 1 份、教材、HNC-818B 华中数控系统操作说明书。

(2)工作场地:有良好的照明、通风和消防设施等条件。

(3)工具、设备:按《工具和设备》栏目准备相关工具和设备。

(4)建议分组实施教学。每 2~3 人为一组,每组配备一台数控铣床。通过分组讨论完成零件的工艺分析及加工工艺方案设计,通过演示和操作训练完成零件的加工。

(5)劳动防护:穿戴劳保用品、工作服

引导问题

① 如何确定零件的编程原点？
② 怎样编写数控铣削加工程序？
③ 完成该任务零件的加工需要用到哪些刀、工、量具？
④ 数控铣床上完成一个零件的具体操作流程，有哪些注意事项？

 知识链接

1. 平面铣削的加工方法

平面铣削的加工方法主要有周铣和端铣两种。以立式数控铣床为例，用分布于铣刀圆柱面上的刀齿进行的铣削，称为周铣，如图 15-2（a）所示；用分布于铣刀端面上的刀齿进行的铣削，称为端铣，如图 15-2（b）所示。平面铣削时端铣更容易获得较高的表面质量和加工效率。

笔记

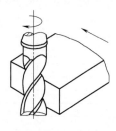

(a) 周铣

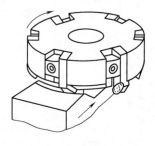
(b) 端铣

图 15-2 周铣和端铣

2. 平面铣削的刀具

选择刀具通常需要考虑机床的加工性能、工序内容以及工件材料等内容。数控加工不仅要求刀具的精度高、刚性好、耐用度高；而且要求尺寸稳定，安装调整方便。数控铣床兼作粗、精铣削。粗铣时，要选强度高、耐用度高的刀具，以满足粗铣时大吃刀量、大进给量的要求；精铣时，要选精度高、耐用度高的刀具，以保证加工精度的要求。此外，为减少换刀时间和方便对刀，应尽可能采用机夹刀和机夹刀片。

平面铣削的刀具主要有立铣刀［图 15-2（a）］和面铣刀［图 15-2（b）］。

（1）立铣刀 立铣刀的圆周表面和端面上都有切削刃，圆周切削刃为主切削刃，主要用来铣削台阶面。一般 $\phi 20\text{mm} \sim \phi 40\text{mm}$ 的立铣刀铣削台阶面的质量较好。

（2）面铣刀 面铣刀的圆周表面和端面上都有切削刃，端部切削刃为主切削刃，主要用来铣削大平面，以提高加工效率。

① 面铣刀直径的选择 面铣刀的直径可参照下式选择：

$$D = (1.4 \sim 1.6)B$$

式中 D——面铣刀直径，mm；
B——铣削宽度，mm。
其选择依据可参考表 15-1。

表 15-1　面铣刀直径的数值

铣削宽度 B/mm	40	60	80	100	120	150	200
铣刀直径 D/mm	50～63	80～100	100～125	125～160	160～200	200～250	250～315

② 面铣刀齿数的选择　硬质合金面铣刀的齿数因粗齿、中齿及细齿而异（表 15-2）。粗齿面铣刀适用于钢件的粗铣，中齿面铣刀适用于铣削带有断续表面的铸件或对钢件的连续表面进行粗铣及精铣，细齿面铣刀适宜于在机床功率足够的情况下对铸件进行粗铣或精铣。

表 15-2　硬质合金面铣刀的齿数

铣刀直径 D/mm		50	63	80	100	125	160	200	250	315	400	500	630
齿数	粗齿		3	4	5	6	8	10	12	16	20	26	32
	中齿	3	4	5	6	8	10	12	16	20	26	34	40
	细齿			8	10	12	18	24	32	40	52	64	80

3. 平面铣削的切削参数

数控编程时，编程人员必须确定每道工序的切削用量，并以指令的形式写入程序中。如图 15-3 所示，铣削加工的切削参数包括切削速度、进给速度、背吃刀量和侧吃刀量。切削用量的选择标准是：保证零件加工精度和表面粗糙度的前提下，充分发挥刀具切削性能，保证合理的刀具耐用度并充分发挥机床的性能，最大限度提高生产率，降低成本。

粗、精加工时切削用量的选择原则如下：粗加工时，一般以提高生产率为主，首先选择较大的吃刀量和进给量，最后确定适当的切削速度；半精加工和精加工时，以保证加工质量为主，采用小的吃刀量和进给量，在保证刀具磨损极限的条件下，尽可能采用大的切削速度。

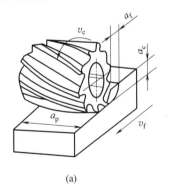
(a)

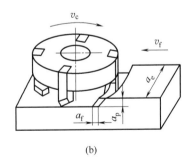
(b)

图 15-3　铣削用量

（1）背吃刀量（端铣）或侧吃刀量（圆周铣）的选择　背吃刀量 a_p 为平行于铣刀轴线测量的切削层尺寸，单位 mm。端铣时，a_p 为切削层深度，而圆周铣时，a_p 为被加工表面的宽度。

侧吃刀量 a_e 为垂直于铣刀轴线测量的切削层尺寸，单位 mm。端铣时，a_e 为被加工表面的宽度，而圆周铣削时，a_e 为切削层深度。

笔记

背吃刀量和侧吃刀量的选取主要由加工余量和对表面质量的要求决定：

① 在要求工件表面粗糙度值 Ra 为 $12.5\sim25\mu m$ 时，如果圆周铣削的加工余量小于 5mm，端铣的加工余量小于 6mm，粗铣一次进给就可以达到要求。但余量较大、数控铣床刚性较差或功率较小时，可分两次进给完成。

② 在要求工件表面粗糙度值 Ra 为 $3.2\sim12.5\mu m$ 时，可分粗铣和半精铣两步进行，粗铣的背吃刀量与侧吃刀量取同。粗铣后留 $0.5\sim1mm$ 的余量，在半精铣时完成。

③ 在要求工件表面粗糙度值 Ra 为 $0.8\sim3.2\mu m$ 时，可分为粗铣、半精铣和精铣三步进行。半精铣时背吃刀量与侧吃刀量取 $1.5\sim2mm$，精铣时，圆周侧吃刀量可取 $0.3\sim0.5mm$，端铣背吃刀量取 $0.5\sim1mm$。

（2）进给速度 v_f 的选择　进给速度 v_f 与每齿进给量 f_z 有关。即

$$v_f = nZf_z$$

式中　v_f——进给速度，mm/min；

　　　n——主轴转速，r/min；

　　　Z——铣刀齿数；

　　　f_z——每齿进给量，mm/z。

每齿进给量是数控铣床加工中的重要切削参数，根据零件的表面粗糙度、加工精度要求、刀具及工件材料等因素，参考切削用量手册或表 15-3 选取。

表 15-3　铣刀每齿进给量

工件材料	每齿进给量/(mm/z)			
	粗铣		精铣	
	高速钢铣刀	硬质合金铣刀	高速钢铣刀	硬质合金铣刀
钢	0.01~0.15	0.10~0.25	0.02~0.05	0.10~0.15
铸铁	0.12~0.20	0.15~0.30		

（3）切削速度 v_c 的选择　切削速度与刀具耐用度、每齿进给量、吃刀量以及铣刀齿数 Z 成反比，而与铣刀直径成正比，此外还与工件材料、刀具材料、加工条件等因素有关。表 15-4 为铣削速度 v_c 的推荐范围。

表 15-4　铣削时的切削速度 v_c

工件材料	硬度 HBS	切削速度 v_c/(m/min)	
		高速钢铣刀	硬质合金铣刀
钢	<225	18~42	66~150
	225~325	12~36	54~120
	325~425	6~21	36~75
铸铁	<190	21~36	66~150
	190~260	9~18	45~90
	260~320	4.5~10	21~30

实际编程中，切削速度确定后，还要计算出主轴转速，其计算公式为：

$$n = 1000v_c/(\pi D)$$

式中　v_c——切削线速度，m/min；

　　　　n——为主轴转速，r/min；

　　　　D——刀具直径，mm。

计算的主轴转速最后要参考机床说明书查看机床最高转速是否能满足需要。

4. 平面铣削加工走刀路线的确定

数控铣削加工中进给路线的确定对零件的加工精度和表面质量有直接的影响，因此，确定好进给路线是保证铣削加工精度和表面质量的工艺措施之一。进给路线的确定与工件表面状况、要求的零件表面质量、机床进给机构的间隙、刀具耐用度以及零件轮廓形状等有关。平面铣削常用加工路线如图 15-4 所示。

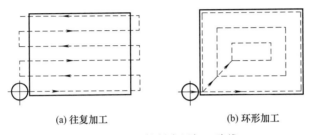

(a) 往复加工　　　　　　　(b) 环形加工

图 15-4　平面铣削常用加工路线

笔记

5. 编程指令

（1）有关单位的设定

① 尺寸单位指令（G21、G20）

功能：G21 为米制尺寸单位设定指令，G20 为英制尺寸单位设定指令。

② 进给速度单位设定指令（G94、G95）

每分钟进给模式 G94

指令格式：G94 F __ ；

功能：该指令指定进给速度单位为每分钟进给量（mm/min），G94 为模态指令。

每转进给模式 G95

指令格式：G95 F __ ；

（2）绝对值编程 G90 与增量值编程 G91

指令说明：G90——绝对值编程，每个编程坐标轴上的编程值是相对于程序原点的。

G91——增量值编程，每个编程坐标轴上的编程值是相对于前一位置而言的，该值等于沿轴移动的距离。

G90、G91 为模态功能，可相互注销，G90 为缺省值。

（3）快速点定位指令 G00

指令格式：G00 X __ Y __ Z __ ；

式中　X、Y、Z——绝对编程时目标点在工件坐标系中的坐标；增量编程时刀具移动的距离。

6. 直线插补指令 G01

指令格式：G01 X __ Y __ Z __ F __ ；

式中　X、Y、Z——绝对编程时目标点在工件坐标系中的坐标；增量编程时刀具移动的距离；

　　　　F——合成进给速度。

制订工作计划

1. 零件平面铣削加工工序图

绘图要求：①加工型面绘制粗实线，并标注测量尺寸，其他型面都绘制细实线，尺寸不标注。

② 按比例绘图，绘制对刀符号。

笔记

2. 刀具、量具和夹具选用

① 刀具在刀柄中安装长度尺寸是多少？

② 检测使用量具是什么？精度是多少？

③ 分析工件在夹具定位和夹紧，（定位和夹紧符号表达）限制哪几个自由度？

3. 切削用量参数确定（见表格内计算结果） v_c = 20m/min

刀具名称	主轴转速 /(r/min)	进给速度 /(mm/min)	铣削深度 /mm	铣削宽度 /mm	直径补偿 D/mm	长度补偿 H/mm

提问：解释计算过程。

4. 零件平面铣削加工刀具路径图

绘图要求：① 用 XY 平面图形表达、标注刀位点。（切入：从安全点到型面加工切入点；切出：从型面加工切出点到安全点）

② 每人选择一个象限作为起刀点，按比例绘图。

5. 编写零件加工程序（主要程序段说明）

程序内容	程序说明	批注

笔记

执行工作计划

序号	操作流程	工作内容	学习问题反馈
1	开机检查	检查机床→开机→低速热机→回机床参考点（先回 Z 轴，再回 X、Y 轴）	
2	工件装夹	虎钳装夹工件，预留伸出高度大约 20mm	
3	刀具安装	安装 $\phi16$ 立铣刀	
4	对刀操作	采用试切法对刀。用立铣刀进行 X、Y 方向分中对刀，再对 Z 轴	
5	程序校验	锁住机床。调出所需加工程序，在"图形校验"功能下，实现零件加工刀具运动轨迹的校验	
6	零件加工	运行程序，完成零件平面铣削加工。选择单步运行，结合程序观察走刀路线和加工过程	
7	零件检测	用量具检测加工完成的零件	

考核与评价

笔记

1. 职业素养考核

作为一门专业实践课，课程思政的考核重点是学生的职业素养、操作规范与劳动教育，是贯穿整个课程的过程性考核，具体评价项目及标准见表 15-5。

表 15-5　职业素养考核评价标准

考核项目		考核内容	配分	扣分	得分
加工前准备	纪律	服从安排；场地清扫等。违反一项扣 1 分	2		
	安全生产	安全着装；按规程操作等。违反一项扣 1 分	2		
	职业规范	机床预热、按照标准进行设备点检。违反一项扣 1 分	3		
加工操作过程	打刀	每打一次刀扣 2 分	4		
	废料	用错毛坯或加工废一块坯料扣 2 分（只允许换一次坯料）	2		
	文明生产	工具、量具、刀具定制摆放、工作台面的整洁等。违反一项扣 1 分	4		
	加工超时	如超过规定时间不停止操作，每超过 10 分钟扣 1 分	2		
	违规操作	用砂布、锉刀修饰；锐边没倒钝，或倒钝尺寸太大等没按规定的操作行为，扣 1～2 分	2		
加工结束后设备保养	清洁、清扫	清理机床内部的铁屑，确保机床表面各位置的整洁，清扫机床周围的卫生，做好设备的保养。违反一项扣 1 分	3		
	整理、整顿	工具、量具的整理与定制管理。违反一项扣 1 分	2		
	素养	严格执行设备的日常点检工作。违反一项扣 1 分	4		
出现撞机床或工伤		出现撞机床或工伤事故整个测评成绩记 0 分			
合　计			30		

2. 零件加工质量考核

具体评价项目及标准见表 15-6。

表 15-6　阶梯轴零件加工项目评分标准及检测报告

序号	检测项目	检测内容	检测要求	配分	学员自评	教师评价	
					自测尺寸	检测结果	得分
1	轮廓	80 ± 0.05	超差不得分	20			
2	高度	$30_{-0.1}^{0}$	超差不得分	20			
3		$5_{-0.05}^{0}$	超差不得分	20			
4	其他	表面粗糙度	超差不得分	5			
5		锐角倒钝	超差不得分	2			
6		去毛刺	超差不得分	3			
	合　计			70			

 总结与提高

1. 任务实施情况分析

任务完成后，学员根据任务实施情况，分析存在的问题及原因，并填写表 15-7。指导老师对任务实施情况进行讲评。

表 15-7　平面加工任务实施情况分析表

任务实施过程	存在的问题	解决的办法
机床操作		
加工程序		
加工工艺		
加工质量		
安全文明生产		

📓笔记

2. 总结

① 装夹工件时，工件上表面不宜伸出太短，伸出高度比加工零件深度尺寸长 10mm 左右即可。

② 刀具安装时，刀具的刀柄部位应全部装入刀套内，以提高其刚性。

③ 安装刀具紧固固定螺母时应使用加力杆，防止螺母松动，刀具易打滑。

④ 在进行对刀操作时，机床工作模式最好用手轮模式，手轮倍率开关一般选择 ×10 或 ×1 的挡位。

⑤ 本任务提供的切削参数只是一个参考值，实际加工时应根据选用的设备、刀具的性能以及实际加工过程的情况及时修调。

⑥ 熟练掌握量具的使用，提高测量的精度。

任务十六　复杂外形轮廓零件数控铣削加工

工作任务卡

任务编号	16	任务名称	复杂外形轮廓零件数控铣削加工
设备型号	VMC650	工作区域	数控实训中心-数控铣削教学区
版　本	V1	建议学时	6学时
参考文件		1+X数控车铣加工职业技能等级标准、华中数控系统操作说明书	
课程思政		1. 执行安全、文明生产规范，严格遵守车间制度和劳动纪律； 2. 着装规范(工作服、劳保鞋)，不携带与生产无关的物品进入车间； 3. 实训现场工具、量具和刀具等相关物料的定制化管理； 4. 检查量具检定日期； 5. 严禁徒手清理铁屑，气枪严禁指向人； 6. 培养学生爱岗敬业、热爱劳动、规范操作、严守流程、团队协作的职业素养。	

工具/设备/材料：

类别	名　称	规格型号	单位	数量
工具	机用虎钳		个	1
	虎钳扳手		把	1
	活动扳手		把	1
	铜棒		个	1
	等高垫铁		片	若干
	V型铁		个	1
	强力刀柄	BT40-C32	个	若干
	强力刀套		个	若干
	刀柄夹紧扳手		把	1
	加力杆		把	1
	毛刷		把	1
	卫生清洁工具		套	1
量具	钢直尺	0～300mm	把	1
	游标卡尺	0～200mm	把	1
刀具	直柄立铣刀	φ16	把	1
	直柄立铣刀	φ12	把	1
耗材	棒料(45钢)			按图样

1. 工作任务

加工如图16-1所示零件，毛坯为φ80mm×40mm的棒料，材料为45钢，毛坯前后端面已经加工完成。

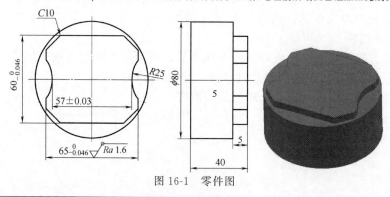

图16-1　零件图

2. 工作准备

(1)技术资料：工作任务卡1份、教材、华中数控系统操作说明书。

(2)工作场地：有良好的照明、通风和消防设施等条件。

(3)工具、设备：按《工具和设备》栏目准备相关工具和设备。

(4)建议分组实施教学。每2～3人为一组，每组配备一台数控铣床。通过分组讨论完成零件的工艺分析及加工工艺方案设计，通过演示和操作训练完成零件的加工。

(5)劳动防护：穿戴劳保用品、工作服

❓ 引导问题

① 外轮廓铣削常用什么加工刀具？
② 外轮廓铣削加工时进退刀方式有哪几种？
③ 如何区分轮廓加工时是顺铣还是逆铣？
④ 外轮廓加工常用编程指令有哪些？
⑤ 如何控制零件加工质量？

🌐 知识链接

1. 轮廓铣削加工刀具

立铣刀是数控铣削中最常用的一种铣刀，在轮廓加工中多采用立铣刀，其结构如图 16-2 所示。它的圆柱表面和端面上都有切削刃，圆柱表面的切削刃为主切削刃，端面上的切削刃为副切削刃。主切削刃一般为螺旋齿，这样可以增加切削平稳性，提高加工精度。由于普通立铣刀端面中心处无切削刃，所以立铣刀不能作轴向进给，端面刃主要用来加工与侧面相垂直的底平面。

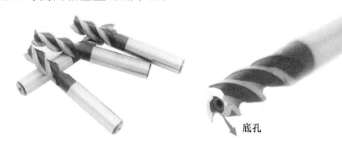

底孔

图 16-2　普通立铣刀

2. 外轮廓铣削切入切出方式

铣削平面类零件外轮廓时，刀具沿 X、Y 平面的进退刀方式通常有三种。

（1）垂直方向进、退刀　如图 16-3 所示，刀具沿 Z 向下刀后，垂直接近工件表面，这种方法进给路线短，但工件表面有接痕。

（2）直线切向进、退刀　如图 16-4 所示，刀具沿 Z 向下刀后，从工件外直线切向进刀，切削工件时不会产生接痕。

（3）圆弧切向进、退刀　如图 16-5 所示，刀具沿圆弧切向切入、切出工件，工件表面没有接刀痕迹。

当零件的外轮廓由圆弧组成时，要注意安排好刀具的切入、切出，要尽量避免交接处重复加工，否则会出现明显的界限痕迹。为减少接刀痕迹，保证零件表面质量，对刀具的切入和切出程序需要精心设

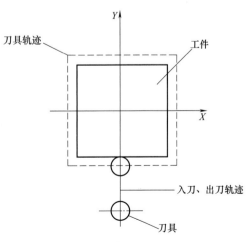

图 16-3　垂直方向进、退刀

筆记

163

计。如图 16-6 所示，铣刀的切入和切出点应沿零件轮廓曲线的延长线上切入和切出零件表面，而不应沿法向直接切入零件，以避免加工表面产生划痕，保证零件轮廓光滑。

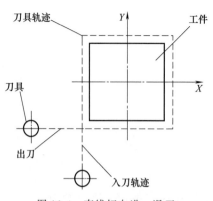

图 16-4　直线切向进、退刀

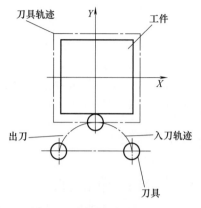

图 16-5　圆弧切向进、退刀

如在加工整圆时（如图 16-7 所示），要安排刀具从切向进入圆周铣削加工，当整圆加工完毕后，不要在切点处直接退刀，而让刀具多运动一段距离，最好沿切线方向退出，以免取消刀具补偿时，刀具与工件表面相碰撞，造成工件报废。

笔记

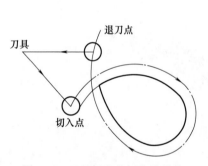

图 16-6　刀具切入和切出时的外

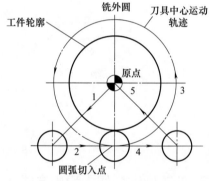

图 16-7　整圆加工切入和切出路径

3. 外轮廓铣削顺铣逆铣

在加工中铣削分为逆铣与顺铣，当铣刀的旋转方向和工件的进给方向相同时称为顺铣，相反时称为逆铣，如图 16-8 所示。

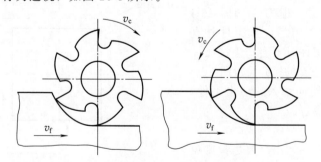

图 16-8　逆铣与顺铣

逆铣时刀齿开始切削工件时的切削厚度比较小，导致刀具易磨损，并影响已加工表面。顺铣时刀具的耐用度比逆铣时提高 2～3 倍，刀齿的切削路径较短，比逆铣时的平均切削厚度大，而且切削变形较小，但顺铣不宜加工带硬皮的工件。由于工件所受的切削力方向不同，粗加工时逆铣比顺铣要平稳。

对于立式数控铣床所采用的立铣刀，装在主轴上相当于悬臂梁结构，在切削加工时刀具会产生弹性弯曲变形，如图 16-9 所示。当用铣刀顺铣时，刀具在切削时会产生让刀现象，即切削时出现"欠切"，如图 16-9（a）所示；而用铣刀逆铣时，刀具在切削时会产生啃刀现象，即切削时出现"过切"现象，如图 16-9（b）所示。这种现象在刀具直径越小、刀杆伸出越长时越明显，所以在选择刀具时，从提高生产率、减小刀具弹性弯曲变形的影响这些方面考虑，应选大的直径，但不能大于零件凹圆弧的半径；在装刀时刀杆尽量伸出短些。

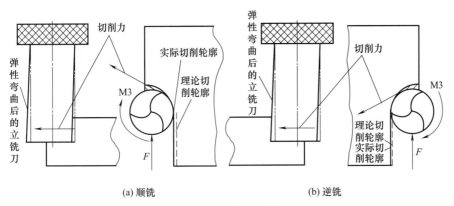

图 16-9　顺铣与逆铣

4. 外轮廓铣削常用编程指令

（1）圆弧插补指令 G02、G03

指令格式：

$$\left\{\begin{matrix} G17 \\ G18 \\ G19 \end{matrix}\right\} \left\{\begin{matrix} G02 \\ G03 \end{matrix}\right\} X\_\_ Y\_\_ Z\_\_ \left\{\begin{matrix} I\_\_ J\_\_ K\_\_ \\ R\_\_ \end{matrix}\right\} F$$

式中　G17～G19——坐标平面选择指令；

　　　　G02——顺时针圆弧插补，见图 16-10；

　　　　G03——逆时针圆弧插补，见图 16-10；

　　X、Y、Z——圆弧终点，在 G90 时为圆弧终点在工件坐标系中的坐标；在 G91 时为圆弧终点相对于圆弧起点的位移量；

　　　I、J、K——圆心相对于圆弧起点的偏移值（等于圆心的坐标减去圆弧起点的坐标，如图 16-11 所示），在 G90/G91 时都是以增量方式指定；

　　　　　R——圆弧半径，当圆弧圆心角小于 180°时 R 为正值，否则 R 为负值；当 R 等于 180 时，R 可取正也可取负；

　　　　　F——被编程的两个轴的合成进给速度。

编程示例：如图 16-12 所示，使用圆弧插补指令编写 A 点到 B 点程序。

I、J、K 编程：G17 G90 G02 X100 Y44 I19 J－48 F60；

R 编程：　　　G17 G90 G02 X100 Y44 R51.62 F60。

编程示例：如图 16-13 所示，使用圆弧插补指令编写 A 点到 B 点程序。

圆弧 1：G17 G90 G03 X30 Y－40 R50 F60；

圆弧 2：G17 G90 G03 X30 Y－40 R－50 F60。

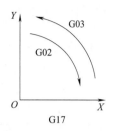

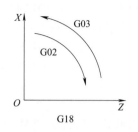

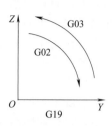

图 16-10　G02、G03 的判断

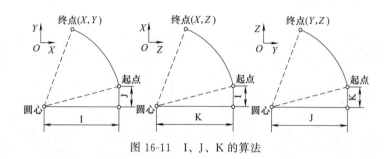

图 16-11　I、J、K 的算法

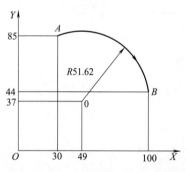

图 16-12　R 及 I、J、K 编程举例

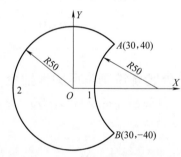

图 16-13　R 值的正负判别

圆弧编程注意事项：

① 圆弧顺、逆的判别方法为沿圆弧所在平面的垂直坐标轴的正方向往负方向看。

② 整圆编程时不可以使用 R，只能用 I、J、K 方式。

③ 同时编入 R 与 I、J、K 时，R 有效。

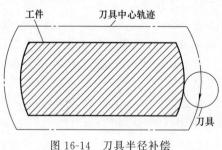

图 16-14　刀具半径补偿

（2）刀具半径补偿指令 G41、G42、G40　在编制数控铣床轮廓铣削加工程序时，为了编程方便，通常将数控刀具假想成一个点（刀位点），认为刀位点与编程轨迹重合。但实际上由于刀具存在一定的直径，使刀具中心轨迹与零件轮廓不重合，如图 16-14 所示。这样，编程时就必须依据刀具半径和零件轮廓计算刀具中心轨迹，再依据刀具中心轨迹完成编程，但如果人工完成这些计算将给手工编程带来很多的不便，甚至当计算量较大时，也容易产生计算错误。为了解决这个加工与编程之间的矛盾，数控系统为我们提供了刀具半径补偿功能。

数控系统的刀具半径补偿功能就是将计算刀具中心轨迹的过程交由数控系统完成，

编程员假设刀具半径为零，直接根据零件的轮廓形状进行编程，而实际的刀具半径则存放在一个刀具半径偏置寄存器中。在加工过程中，数控系统根据零件程序和刀具半径自动计算刀具中心轨迹，完成对零件的加工。

　　刀位点是代表刀具的基准点，也是对刀时的注视点，一般是刀具上的一点。常用刀具的刀位点如图 16-15 所示。

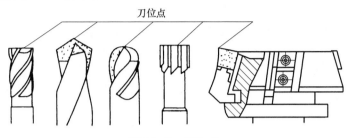

图 16-15　刀位点

　　① 建立刀具半径补偿指令格式

　　指令格式：

$$\begin{Bmatrix} G17 \\ G18 \\ G19 \end{Bmatrix} \begin{Bmatrix} G41 \\ G42 \end{Bmatrix} \begin{Bmatrix} G00 \\ G01 \end{Bmatrix} X\_\_ Y\_\_ Z\_\_ D\_\_ ;$$

式中　G17～G19——坐标平面选择指令；

　　　　G41——左刀补，如图 16-16（a）所示；

　　　　G42——右刀补，如图 16-16（b）所示；

　　　X、Y、Z——建立刀具半径补偿时目标点坐标；

　　　　D——刀具半径补偿号。

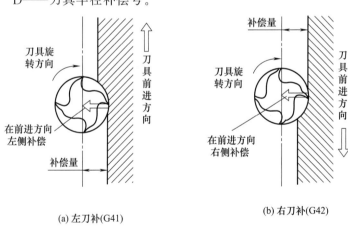

(a) 左刀补(G41)　　　　　　(b) 右刀补(G42)

图 16-16　刀具补偿方向

　　② 取消刀具半径补偿指令格式

　　指令格式：

$$\begin{Bmatrix} G17 \\ G18 \\ G19 \end{Bmatrix} G40 \begin{Bmatrix} G00 \\ G01 \end{Bmatrix} X\_\_ Y\_\_ Z\_\_ ;$$

式中　G17～G19——坐标平面选择指令；

　　　　G40——取消刀具半径补偿功能。

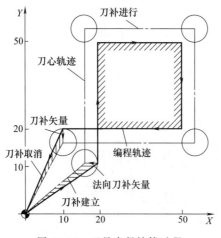

图 16-17　刀具半径补偿过程

③ 刀具半径补偿的过程，如图 16-17 所示，分为三步：

刀补建立：刀心轨迹从与编程轨迹重合过渡到与编程轨迹偏离一个偏置量的过程。

刀补进行：刀具中心始终与编程轨迹相距一个偏置量直到刀补取消。

刀补取消：刀具离开工件，刀心轨迹要过渡到与编程轨迹重合的过程。

编程示例：使用刀具半径补偿功能完成如图 16-17 所示轮廓加工的编程。

参考程序如下：

O5001

笔记

N10 G90 G54 G00 X0 Y0 M03 S500 F50	
N20 G00 Z50.0	安全高度
N30 Z10	参考高度
N40 G41 X20 Y10 D01 F50	建立刀具半径补偿
N50 G01 Z－10	下刀
N60 Y50	
N70 X50	
N80 Y20	
N90 X10	
N100 G00 Z50	抬刀到安全高度
N110 G40 X0 Y0 M05	取消刀具半径补偿
N120 M30	程序结束

④ 使用刀具补偿的注意事项　在数控铣床上使用刀具补偿时，必须特别注意其执行过程的原则，否则往往容易引起加工失误甚至报警，使系统停止运行或刀具半径补偿失效等。

a. 刀具半径补偿的建立与取消只能用 G01、G00 来实现，不得用 G02 和 G03。

b. 建立和取消刀具半径补偿时，刀具必须在所补偿的平面内移动，且移动距离应大于刀具补偿值。

c. D00～D99 为刀具补偿号，D00 意味着取消刀具补偿（即 G41/G42 X ＿ Y ＿ D00 等价于 G40）。刀具补偿值在加工或试运行之前须设定在补偿存储器中。

d. 加工半径小于刀具半径的内圆弧时，进行半径补偿将产生刀具干涉，只有过渡圆角 $R \geqslant$ 刀具半径 r＋精加工余量的情况才能正常切削。

e. 在刀具半径补偿模式下，如果存在有连续两段以上非移动指令（如 G90、M03 等）或非指定平面轴的移动指令，则有可能产生过切现象。

5. 外轮廓铣削尺寸控制

刀具半径补偿除方便编程外，还可利用改变刀具半径补偿值的大小的方法，实现利用同一程序进行粗、精加工。即：

粗加工刀具半径补偿＝刀具半径＋精加工余量

精加工刀具半径补偿＝刀具半径＋修正量

① 因磨损、重磨或换新刀而引起刀具半径改变后，不必修改程序，只需在刀具参

数设置中输入变化后的刀具半径。如图 16-18 所示，1 为未磨损刀具，2 为磨损后刀具，只需将刀具参数表中的刀具半径 $r1$ 改为 $r2$，即可适用同一程序。

② 同一程序中，同一尺寸的刀具，利用半径补偿，可进行粗、精加工。如图 16-19，刀具半径为 r，精加工余量为 Δ。粗加工时，输入刀具半径 $D = r + \Delta$，则加工出点画线轮廓；精加工时，用同一程序，同一刀具，但输入刀具半径 $D = r$，加工出实线轮廓。

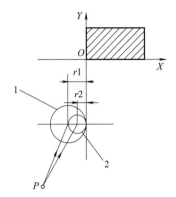

图 16-18　刀具半径变化，加工程序不变

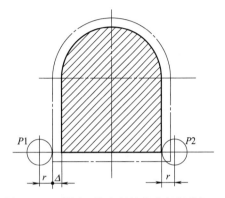

图 16-19　利用刀具半径补偿进行粗精加工

 笔记

 # 制订工作计划

1. 绘制零件图

绘制要求：① 尺寸标注和线型线宽符合要求；
② 绘制工件原点所在位置，用符号在零件图中标注出来。

2. 切削用量确定（见表 16-1）

表 16-1　切削用量选择表

序号	刀具号	刀具名称	主轴转速 /(r/min)	进给速度 /(mm/r)	背吃刀量 /mm	备注

3. 绘制加工路线

绘制项目零件用到的各刀具的加工路线，路径要从下刀点开始包含刀具从下刀点到抬刀点的零件轮廓整体切削过程；特别重点标记出刀具半径补偿建立和取消直线段。

（零件粗精加工轮廓如用刀具半径补偿实现可只需绘制精加工路线）

外轮廓铣削粗、精加工：

4. 编写零件加工程序

程序内容	程序说明

笔记

执行工作计划

序号	操作流程	工作内容	学习问题反馈
1	工件装夹	机用虎钳、V型块夹住棒料底端，伸出钳口长度大约10mm	
2	刀具安装	外轮廓铣削采用同一把刀具完成零件粗精加工	
3	对刀操作	采用试切法对刀	
4	程序校验	锁住机床。调出所需加工程序，在"图形校验"功能下，实现零件加工刀具运动轨迹的校验	
5	零件加工	运行程序，完成零件加工。选择单步运行，结合程序观察走刀路线和加工过程。粗加工后，测量工件尺寸，针对加工误差进行适当补偿	
6	零件检测	用量具检测加工完成的零件	

考核与评价

1. 职业素养考核

作为一门专业实践课，课程思政的考核重点是职业素养、操作规范和劳动教育，是贯穿整个课程的过程性考核，具体评价项目及标准见表16-2。

表16-2　职业素养考核评价标准

考核项目		考核内容	配分	扣分	得分
加工前准备	纪律	服从安排；场地清扫等。违反一项扣1分	2		
	安全生产	安全着装；按规程操作等。违反一项扣1分	2		
	职业规范	机床预热、按照标准进行设备点检。违反一项扣1分	4		
加工操作过程	打刀	每打一次刀扣2分	4		
	文明生产	工具、量具、刀具定制摆放、工作台面的整洁等。违反一项扣1分	4		
	违规操作	用砂布、锉刀修饰；锐边没倒钝，或倒钝尺寸太大等没按规定的操作行为，扣1~2分	4		
加工结束后设备保养	清洁、清扫	清理机床内部的铁屑，确保机床表面各位置的整洁，清扫机床周围的卫生，做好设备的保养。违反一项扣1分	4		
	整理、整顿	工具、量具的整理与定制管理。违反一项扣1分	2		
	素养	严格执行设备的日常点检工作。违反一项扣1分	4		
出现撞机床或工伤		出现撞机床或工伤事故整个测评成绩记0分			
合　计			30		

2. 零件加工质量考核

具体评价项目及标准见表16-3。

表16-3　对称底板零件加工项目评分标准及检测报告

序号	检测项目	检测内容	检测要求	配分	学员自评	教师评价	
					自测尺寸	检测结果	得分
1	轮廓（50分）	$65_{-0.046}^{\ 0}$	超差不得分	15			
2		$60_{-0.046}^{\ 0}$	超差不得分	15			
3		$C10$	超差不得分	10			
4		$R25$	超差不得分	5			
5		57 ± 0.03	超差不得分	5			

笔记

续表

序号	检测项目	检测内容	检测要求	配分	学员自评	教师评价	
					自测尺寸	检测结果	得分
6	深度 （10分）	5	超差不得分	10			
7	其他 （10分）	表面粗糙度	超差不得分	5			
8		锐角倒钝	超差不得分	2			
9		去毛刺	超差不得分	3			
合　计				70			

总结与提高

1. 任务实施情况分析

任务完成后，学员根据任务实施情况，分析存在的问题及原因，并填写表 16-4。指导老师对任务实施情况进行讲评。

表 16-4　对称底板零件加工任务实施情况分析表

笔记

任务实施过程	存在的问题	解决的办法
机床操作		
加工程序		
加工工艺		
加工质量		
安全文明生产		

2. 总结

① 装夹工件时，工件不宜伸出虎钳钳口太高，伸出长度比加工高度高 5mm 即可，零件装夹必须夹紧垫平，底部用等高垫铁垫实。

② 刀具安装时，刀具伸出刀套部分要尽量短，以提高刀具的加工刚性；同时夹紧刀具避免振刀。

③ 在进行对刀操作时，机床工作模式最好用手轮模式，手轮倍率开关一般选择 ×10 或×1 的挡位，建议对 X、Y 方向时可选择×10 的挡位，对 Z 方向时选择×1 的挡位，保证加工深度尺寸正确。

④ 零件首件切削必须单段运行程序，双手操作，及时调整加工参数。

⑤ 本任务提供的切削参数只是一个参考值，实际加工时应根据选用的设备、刀具的性能以及实际加工过程的情况及时修调。

⑥ 熟练掌握量具的使用，提高测量的精度。

⑦ 注意利用刀具半径补偿功能计算刀具磨损值，从而控制轮廓加工精度。

3. 扩展实践训练零件图样二维码

任务十七　型腔轮廓零件数控铣削加工

工作任务卡

任务编号	17	任务名称	型腔轮廓零件数控铣削加工
设备型号	VMC650	工作区域	数控实训中心-数控铣削教学区
版　本	V1	建议学时	6学时
参考文件	1+X数控车铣加工职业技能等级标准、华中数控系统操作说明书		
课程思政	1. 执行安全、文明生产规范,严格遵守车间制度和劳动纪律; 2. 着装规范(工作服、劳保鞋),不携带与生产无关的物品进入车间; 3. 实训现场工具、量具和刀具等相关物料的定制化管理; 4. 检查量具检定日期; 5. 严禁徒手清理铁屑,气枪严禁指向人; 6. 培养学生爱岗敬业、热爱劳动、规范操作、严守流程、团队协作的职业素养		

工具/设备/材料:

类别	名　称	规格型号	单位	数量
工具	机用虎钳		个	1
	虎钳扳手		把	1
	活动扳手		把	1
	铜棒		个	1
	等高垫铁		片	若干
	V型铁		个	1
	强力刀柄	BT40-C32	个	若干
	强力刀套		个	若干
	刀柄夹紧扳手		把	1
	加力杆		把	1
	毛刷		把	1
	卫生清洁工具		套	1
量具	钢直尺	0～300mm	把	1
	游标卡尺	0～200mm	把	1
刀具	直柄立铣刀	$\phi16$	把	1
	直柄立铣刀	$\phi12$	把	1
耗材	棒料(45钢)			按图样

笔记

1. 工作任务

加工如图17-1所示零件,毛坯为$\phi80$mm×40mm的棒料,材料为45钢,毛坯前后端面已经加工完成

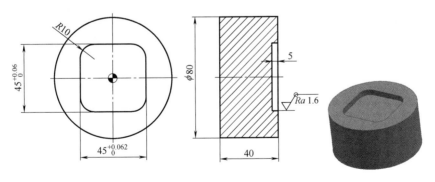

图17-1　零件图

2. 工作准备

(1)技术资料:工作任务卡1份、教材、华中数控系统操作说明书。

(2)工作场地:有良好的照明、通风和消防设施等条件。

(3)工具、设备:按《工具和设备》栏目准备相关工具和设备。

(4)建议分组实施教学。每2～3人为一组,每组配备一台数控铣床。通过分组讨论完成零件的工艺分析及加工工艺方案设计,通过演示和操作训练完成零件的加工。

(5)劳动防护:穿戴劳保用品、工作服

引导问题

① 型腔轮廓铣削加工时下刀方式与外形轮廓有何不同？
② 型腔轮廓铣削加工下刀点和粗加工路线如何确定？
③ 型腔轮廓铣削如何实现切向切入切出？
④ 型腔轮廓加工常用编程指令有哪些？
⑤ 如何控制型腔加工质量？

　知识链接

1. 型腔轮廓铣削下刀方式选择

型腔轮廓铣削加工可选择普通立铣刀加工，也可以选择键槽型铣刀来加工，不管用哪一种加工刀具，刀具半径 r 应小于零件内轮廓面的最小曲率半径 R，一般取 $r = (0.8 \sim 0.9)R$。选择不同类型的刀具其下刀方式有所不同。

下刀顾名思义就是把刀具引入到型腔的过程，常用的下刀方式主要有三种：
① 使用键槽铣刀沿 Z 向直接下刀，切入工件。
② 先用钻头在型腔位置预钻孔，再用普通立铣刀通过孔垂直下刀进行轮廓铣削。
③ 使用普通立铣刀斜插式下刀或螺旋式下刀。

斜插式下刀即刀具在 XZ 平面或 YZ 平面斜线走刀，逐渐下刀至型腔深度，如图 17-2 所示。要注意斜向切入的位置和角度的选择，一般进刀角度为 $5° \sim 10°$。螺旋下刀，即在两个切削层之间，刀具从上一层的高度沿螺旋线以渐近的方式切入工件，直到下一层的高度，然后开始正式切削，如图 17-3 所示。

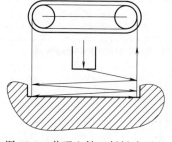

图 17-2　普通立铣刀斜插式下刀

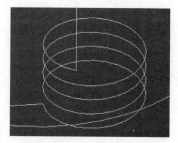

图 17-3　普通立铣刀螺旋式下刀

2. 型腔轮廓铣削加工路线

常见的型腔加工走刀路线有行切、环切和综合切削三种方法，如图 17-4 所示。三种加工方法的特点如下。

① 共同点是都能切净内腔中的全部面积，不留死角，不伤轮廓，同时尽量减少重复进给的搭接量。

② 不同点是行切法［图 17-4（a）］的进给路线比环切法短，但行切法将在每两次进给的起点与终点间留下残留面积，而达不到所要求的表面粗糙度；用环切法［图 17-4（b）］获得的表面粗糙度要好于行切法，但环切法需要逐次向外扩展轮廓线，刀位点计算稍微复杂一些。

③ 采用图 17-4（c）所示的进给路线，即先用行切法切去中间部分余量，最后用环

切法光整轮廓表面，既能使总的进给路线较短，又能获得较好的表面粗糙度。

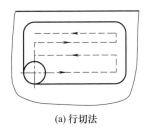
(a) 行切法

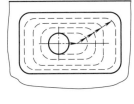
(b) 环切法

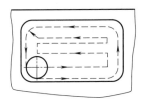
(c) 综合切削法

图 17-4 型腔加工走刀路线

3. 型腔轮廓铣削切向切入切出

型腔轮廓铣削加工刀具切入切出方式和外形轮廓进刀方式有所不同，为了避免过切，进刀时不能沿轮廓切线延长线方向进刀；同时为了保证切向切入切出，刀具常以走圆弧的方式切向切入和切向切出，如图 17-5 所示。

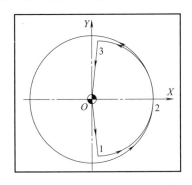

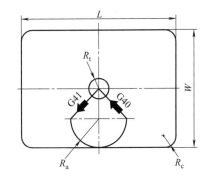

 笔记

图 17-5 圆弧的方式切向切入和切向切出

型腔轮廓铣削加工刀具切向切入切出一般有四线，分别为建立刀补的直线，切向切入圆弧，切向切出圆弧，取消刀补的直线；其中建立刀补和取消刀补的直线长度要求大于刀具半径补偿值，切向切入切出圆弧的半径也应大于刀具半径补偿值。

4. 外轮廓铣削常用编程指令

（1）键槽斜插式下刀编程示例 某键槽型腔轮廓粗加工采用普通立铣刀，斜插式下刀，其进给路线如图 17-6 所示。

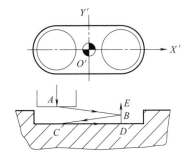

A	$(-20, 0, 0)$
B	$(20, 0, -2)$
C	$(-20, 0, -4)$
D	$(20, 0, -4)$
E	$(20, 0, 0)$

图 17-6 键槽粗加工下刀路线

编程示例：使用斜插式下刀方式完成如图 17-6 所示键槽粗加工的编程。

参考程序如下：

O5001

N10 G90 G54 G00 X0 Y0 M03 S500 F50	
N20 G00 Z50.0	安全高度
N30 Z10	参考高度
N40 G01 X−20 Y0 Z0　F100	走刀下刀点 A
N50 G01 X20 Y0 Z−2	斜插下刀 A-B
N60 G01 X−20 Y0 Z−4	斜插下刀 B-C
N70 G01 X20 Y0 Z−4	修平键槽底面 C-D
N80 G01 X20 Y0 Z0	抬刀至工件表面
N90 G00 Z50	抬刀到安全高度
N100 M05	主轴停止
N110 M30	程序结束

（2）方形槽螺旋式下刀编程示例　加工某方形型腔轮廓如图 17-7 所示。粗加工采用普通立铣刀，螺旋式下刀。

① 型腔去余量走刀路线　型腔去余量走刀路线如图 17-8 所示。刀具在 1 点螺旋下刀（螺旋半径为 6mm），再从 1 点至 9 点，采用行切法去余量。

笔记

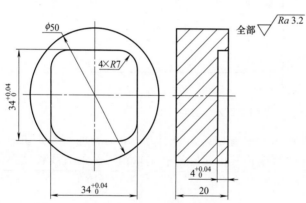

图 17-7　简单方形型腔

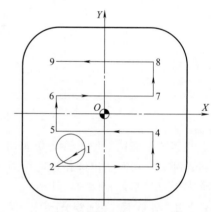

图 17-8　型腔去余量走刀路线

图 17-8 中各点坐标如表 17-1 所示。

表 17-1　型腔去余量加工基点坐标

1	(−4,−7)	4	(10,−3)	7	(10,3)
2	(−10,−10)	5	(−10,−3)	8	(10,10)
3	(10,−10)	6	(−10,3)	9	(−10,10)

参考程序如下：

O8001	主程序名
N10 G54 G90 G40 G80 G49	设置初始状态
N20 G00 Z50	安全高度
N30 G00 X−4 Y−7 S400 M03	启动主轴,快速进给至下刀位置(点1,见图 17-8)
N40 G00 Z5 M08	接近工件,同时打开冷却液
N50 G01 Z0 F60	接近工件
N60 G03 X−4 Y−7 Z−1 I−3	螺旋下刀,下刀深度1mm

N70 G03 X−4 Y-7 Z−2 I−3	螺旋下刀,下刀深度1mm
N80 G03 X−4 Y-7 Z−3 I−3	螺旋下刀,下刀深度1mm
N90 G03 X−4 Y-7 Z−4 I−3	螺旋下刀,下刀深度1mm
N100 G03 X−4 Y-7 Z−4 I−3	修光底部
N110 G01 X−10 Y−10 F100	1-2 点粗加工
N120 X10	2-3 点粗加工
N130 Y−3	3-4 点粗加工
N140 X−10	4-5 点粗加工
N150 Y3	5-6 点粗加工
N160 X10	6-7 点粗加工
N170 Y10	7-8 点粗加工
N180 X-10	8-9 点粗加工
N190 G00 Z50	抬刀到安全高度
N200 M05	主轴停止
N210 M30	程序结束

② 型腔轮廓精加工走刀路线　型腔轮廓精加工走刀路线如图 17-9 所示。刀具粗加工完成后,再从 1 点→2 点→3 点→4 点→……12 点,采用环切法精加工型腔轮廓。其中直线 1→2 为建立刀补的直线,12→1 为取消刀补的直线,2→3 为切向切入圆弧,3→12 为切向切出圆弧。

图 17-9 中各点坐标如表 17-2 所示。

图 17-9　型腔轮廓精加工走刀路线

表 17-2　型腔轮廓加工基点坐标

1	(−10,0)	5	(−10,−17)	9	(10,17)
2	(−10,7)	6	(10,−17)	10	(−10,17)
3	(−17,0)	7	(17,−10)	11	(−17, 10)
4	(−17,−10)	8	(17,10)	12	(−10,−7)

参考程序如下:

O8002	主程序名
N10 G54 G90 G40 G80 G49	设置初始状态
N20 G00 Z50	安全高度
N30 G00 X−10 Y0 Z−4 S500 M03	启动主轴,快速进给至位置(点1,见图 17-9)
N40 G41 G01 X−10 Y7 D1	1-2 点,建立刀具半径左补偿
N50 G03 X−17 Y0 R7	2-3 点,切向切入
N60 G01 Y−10	3-4 点
N70 G03 X−10 Y−17 R7	4-5 点
N80 G01 X10	5-6 点
N90 G03 X17 Y−10 R7	6-7 点
N100 G01 X17 Y10	7-8 点
N110 G03 X10 Y17 R7	8-9 点
N120 G01 X−10	9-10 点
N130 G03 X−17 Y10 R7	10-11 点
N140 G01 Y0	11-3 点

N150 G03 X－10 Y－7 R7　　　　　3-12 点，切向切出
N160 G40 G00 X－10 Y0　　　　　　12-1 点，取消刀补
N170 G00 Z50　　　　　　　　　　　抬刀到安全高度
N180 M05　　　　　　　　　　　　　主轴停止
N190 M30　　　　　　　　　　　　　程序结束

 # 制订工作计划

1. 绘制零件图

绘制要求：①尺寸标注和线型线宽符合要求；
②绘制工件原点所在位置，用符号在零件图中标注出来。

笔记

2. 切削用量确定（见表 17-3）

表 17-3　切削用量选择表

序号	刀具号	刀具名称	主轴转速 /(r/min)	进给速度 /(mm/r)	背吃刀量 /mm	备注

3. 绘制加工路线

绘制任务零件用到的各刀具的加工路线，路径要从下刀点开始包含刀具从下刀点到抬刀点的零件轮廓整体切削过程；特别重点标记出刀具半径补偿建立和取消直线段。
（1）型腔轮廓铣削粗加工

（2）型腔轮廓铣削精加工

4. 编写零件加工程序

程序内容	程序说明

笔记

执行工作计划

序号	操作流程	工作内容	学习问题反馈
1	型腔铣削刀具选择	型腔铣削刀具选择与安装	
2	项目零件的编程	(1)型腔铣削方式的选择； (2)螺旋下刀程序编写； (3)型腔铣削进退刀方式； (4)任务零件程序编写	
3	零件加工	任务零件加工时特别注意刀具切削情况	
4	零件检测	(1)用量具检测加工完成的零件； (2)分析型腔加工误差产生的原因及解决方案	

考核与评价

1. 职业素养考核

作为一门专业实践课，课程思政的考核重点是职业素养、操作规范和劳动教育，是贯穿整个课程的过程性考核。具体评价项目及标准见表17-4。

笔记

表 17-4　职业素养考核评价标准

考核项目		考核内容	配分	扣分	得分
加工前准备	纪律	服从安排；场地清扫等。违反一项扣1分	2		
	安全生产	安全着装；按规程操作等。违反一项扣1分	2		
	职业规范	机床预热、按照标准进行设备点检。违反一项扣1分	4		
加工操作过程	打刀	每打一次刀扣2分	4		
	文明生产	工具、量具、刀具定制摆放、工作台面的整洁等。违反一项扣1分	4		
	违规操作	用砂布、锉刀修饰；锐边没倒钝，或倒钝尺寸太大等没按规定的操作行为，扣1~2分	4		
加工结束后设备保养	清洁、清扫	清理机床内部的铁屑，确保机床表面各位置的整洁，清扫机床周围的卫生，做好设备的保养。违反一项扣1分	4		
	整理、整顿	工具、量具的整理与定制管理。违反一项扣1分	2		
	素养	严格执行设备的日常点检工作。违反一项扣1分	4		
出现撞机床或工伤		出现撞机床或工伤事故整个测评成绩记0分			
合　计			30		

2. 零件加工质量考核

具体评价项目及标准见表17-5。

表 17-5　型腔轮廓零件加工项目评分标准及检测报告

序号	检测项目	检测内容	检测要求	配分	学员自评 自测尺寸	教师评价	
						检测结果	得分
1	轮廓 (50分)	$45^{+0.046}_{0}$	超差不得分	40			
2		$R10$	超差不得分	10			
3	深度 (10分)	5	超差不得分	10			
4	其他 (10分)	表面粗糙度	超差不得分	5			
5		锐角倒钝	超差不得分	2			
6		去毛刺	超差不得分	3			
合　计				70			

总结与提高

1. 任务实施情况分析

任务完成后，学员根据任务实施情况，分析存在的问题及原因，并填写表 17-6。指导老师对任务实施情况进行讲评。

表 17-6 型腔轮廓零件加工项目实施情况分析表

项目实施过程	存在的问题	解决的办法
机床操作		
加工程序		
加工工艺		
加工质量		
安全文明生产		

2. 总结

① 装夹工件时，工件不宜伸出虎钳钳口太高，伸出长度约 10mm 即可，零件装夹必须夹紧垫平，底部用等高垫铁垫实。

② 刀具安装时，刀具伸出刀套部分要尽量短，以提高刀具的加工刚性；同时夹紧刀具避免振刀。

③ 在进行对刀操作时，机床工作模式最好用手轮模式，手轮倍率开关一般选择 ×10 或 ×1 的挡位，建议对 X、Y 方向时选择 ×10 的挡位，对 Z 方向时选择 ×1 的挡位，保证加工深度尺寸正确。

④ 零件首件切削必须单段运行程序，双手操作，及时调整加工参数。

⑤ 本任务提供的切削参数只是一个参考值，实际加工时应根据选用的设备、刀具的性能以及实际加工过程的情况及时修调。

⑥ 熟练掌握量具的使用，提高测量的精度。

⑦ 注意利用刀具半径补偿功能计算刀具磨损值，从而控制轮廓加工精度。

3. 扩展实践训练零件图样二维码

📄 笔记

任务十八　孔类零件数控铣削加工

工作任务卡

任务编号	18	任务名称	孔类零件数控铣削加工
设备型号	VMC650/850	工作区域	数控实训中心-数控铣削教学区
版　本	V1	建议学时	6 学时
参考文件	1+X 数控车铣加工职业技能等级标准、HNC-818B 数控系统操作说明书		
课程思政	1. 执行安全、文明生产规范，严格遵守车间制度和劳动纪律； 2. 着装规范（工作服、劳保鞋），不携带与生产无关的物品进入车间； 3. 实训现场工具、量具和刀具等相关物料的定制化管理； 4. 检查量具检定日期； 5. 严禁徒手清理铁屑，气枪严禁指向人； 6. 培养学生爱岗敬业、热爱劳动、规范操作、严守流程、团队协作的职业素养		

工具/设备/材料：

类别	名　称	规格型号	单位	数量
工具	虎钳扳手		把	1
	等高垫铁		副	2
	锉刀		把	1
	胶木榔头		套	1
	活动扳手		把	1
	油石		片	若干
	卫生清洁工具		套	1
量具	钢直尺	0～300mm	把	1
	游标卡尺	0～200mm	把	1
刀具	中心钻	$\phi 3$	把	1
	麻花钻	$\phi 10$	把	1
耗材	板材	80mm×60mm×36mm		按图样

1. 工作任务

加工如图 18-1 所示零件，毛坯为 80mm×60mm×36mm 的板材，材料为 45 钢

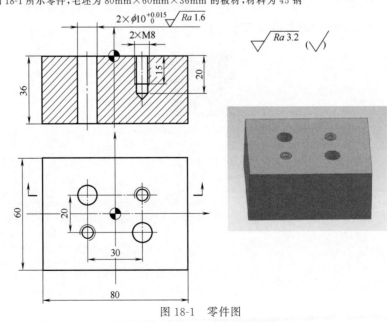

图 18-1　零件图

笔记

续表

2. 工作准备
(1)技术资料:工作任务卡 1 份、教材、HNC-818B 华中数控系统操作说明书。
(2)工作场地:有良好的照明、通风和消防设施等条件。
(3)工具、设备:按《工具和设备》栏目准备相关工具和设备。
(4)建议分组实施教学。每 2～3 人为一组,每组配备一台数控铣床。通过分组讨论完成零件的工艺分析及加工工艺方案设计,通过演示和操作训练完成零件的加工。
(5)劳动防护:穿戴劳保用品、工作服

 引导问题

① 如何确定零件孔的位置坐标?
② 怎样编写数控铣削孔加工程序?
③ 完成该任务零件的加工需要用到哪些刀、工、量具?
④ 加工孔时应注意哪些安全事项?

 知识链接

📄笔记

1. 孔加工的方法

孔加工在金属切削中占有很大的比重,应用广泛。在数控铣床上加工孔的方法很多,根据孔的尺寸精度、位置精度及表面粗糙度等要求,一般有点孔、钻孔、扩孔、锪孔、铰孔、镗孔及铣孔等方法。常用孔的加工方式及所能达到的精度见表 18-1。

表 18-1　孔加工的方法

序号	加工方法	经济精度 IT	表面粗糙度 $Ra/\mu m$	适用范围
1	钻	11～13	12.5	加工未淬火钢及铸铁的实心毛坯,可用于加工有色金属。孔径小于 15～20mm
2	钻→铰	8～10	1.6～6.3	
3	钻→粗铰→精铰	7～8	0.8～1.6	
4	钻→扩	10～11	6.3～12.5	加工未淬火钢及铸铁的实心毛坯,可用于加工有色金属。孔径大于 15～20mm
5	钻→扩→铰	8～9	1.6～3.2	
6	钻→扩→粗铰→精铰	6～7	0.8～1.6	
7	钻→扩→机铰→手铰	6～7	0.2～0.4	
8	钻→扩→拉	7～9	0.1～1.6	大批量生产,精度由拉刀的精度而定
9	粗镗(扩孔)	11～13	6.3～12.5	除淬火钢外各种材料,毛坯有铸出或锻出孔
10	粗镗(扩孔)→半精镗(精扩)	9～10	1.6～3.2	
11	粗镗(扩孔)→半精镗(精扩)→精镗(铰)	7～8	0.8～1.6	
12	粗镗(扩孔)→半精镗(精扩)→精镗→浮动镗刀精镗	6～7	0.4～0.8	
13	粗镗(扩孔)→半精镗→磨孔	7～8	0.2～0.8	主要用于淬火钢,也可用于未淬火钢,但不宜用于有色金属
14	粗镗(扩孔)→半精镗→粗磨孔→精磨孔	6～7	0.1～0.2	
15	粗镗→半精镗→精镗→精细镗(金刚镗)	6～7	0.05～0.400	用于要求较高的有色金属加工
16	钻→(扩)→粗铰→精铰→珩磨 钻→(扩)→拉→珩磨 粗镗→半精镗→精镗→珩磨	6～7	0.025～0.200	精度要求很高的孔

续表

序号	加工方法	经济精度 IT	表面粗糙度 $Ra/\mu m$	适用范围
17	钻→（扩）→粗铰→精铰→研磨 钻→（扩）→拉→研磨 粗镗→半精镗→精镗→研磨	5～6	0.006～0.100	精度要求很高的孔

注：1. 对于直径大于 $\phi30mm$ 的已铸出或锻出的毛坯孔的孔加工，一般采用粗镗→半精镗→孔口倒角→精镗的加工方案；孔径较大的可采用立铣刀粗铣→精铣加工方案。

2. 对于直径小于 $\phi30mm$ 无底孔的孔加工，通常采用锪平端面→打中心孔→钻→扩→孔口倒角→铰加工方案，对有同轴度要求的小孔，需采用锪平端面→打中心孔→钻→半精镗→孔口倒角→精镗（或铰）加工方案。

2. 孔加工的刀具

（1）钻孔刀具及其选择　钻孔刀具较多，有普通麻花钻、可转位浅孔钻、喷吸钻及扁钻等。应根据工件材料、加工尺寸及加工质量要求等合理选用。

在数控镗铣床上钻孔，普通麻花钻应用最广泛，尤其是加工 $\phi30mm$ 以下的孔时，以麻花钻为主，如图18-2所示。

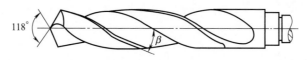

图 18-2　普通麻花钻

在数控镗铣床上钻孔，因无钻模导向，受两种切削刃上切削力不对称的影响，容易引起钻孔偏斜。为保证孔的位置精度，在钻孔前最好先用中心钻钻一中心孔，或用一刚性较好的短钻头钻一窝。

中心钻主要用于孔的定位，由于切削部分的直径较小，所以中心钻钻孔时，应选取较高的转速。

对深径比大于5而小于100的深孔由于加工中散热差，排屑困难，钻杆刚性差，易使刀具损坏和引起孔的轴线偏斜，影响加工精度和生产率，故应选用深孔刀具加工。

（2）扩孔刀具及其选择　扩孔多采用扩孔钻，也有用立铣刀或镗刀扩孔。扩孔钻可用来扩大孔径，提高孔加工精度。用扩孔钻扩孔精度可达IT11～IT10，表面粗糙度值可达 $Ra6.3～3.2um$。扩孔钻与麻花钻相似，但齿数较多，一般为3～4个齿。扩孔钻加工余量小，主切削刃较短，无需延伸到中心，无横刃，加之齿数较多，可选择较大的切削用量。图18-3所示为整体式扩孔钻和套式扩孔钻。

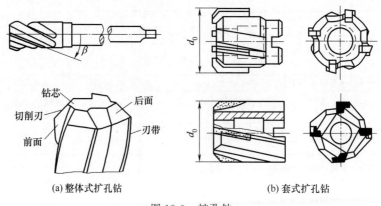

钻芯　后面
切削刃　刃带
前面

(a) 整体式扩孔钻　　　　　　　　(b) 套式扩孔钻

图 18-3　扩孔钻

（3）铰孔刀具及其选择　铰孔加工精度一般可达 IT9～IT8 级，孔的表面粗糙度值可达 $Ra1.6～0.8\mu m$，可用于孔的精加工，也可用于磨孔或研孔前的预加工。铰孔只能提高孔的尺寸精度、形状精度和减小表面粗糙度值，而不能提高孔的位置精度。因此，对于精度要求高的孔，在铰削前应先进行减少和消除位置误差的预加工，才能保证铰孔质量。

图 18-4 所示为直柄机用铰刀和套式机用铰刀。

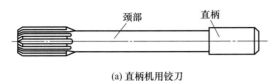

(a) 直柄机用铰刀　　　　　　　(b) 套式机用铰刀

图 18-4　铰刀

3. 攻螺纹的加工工艺

（1）底孔直径的确定　攻螺纹之前要先打底孔，底孔直径的确定方法如下：

对钢和塑性大的材料

$$D_孔＝D－P$$

对铸铁和塑性小的材料

$$D_孔＝D－(1.05～1.1)P$$

式中　$D_孔$——螺纹底孔直径，mm；

D——螺纹大径，mm；

P——螺距，mm。

（2）盲孔螺纹底孔深度　盲孔螺纹底孔深度的计算方法如下：

$$盲孔螺纹底孔深度＝螺纹孔深度＋0.7d$$

式中　d——钻头的直径，mm。

（3）攻螺纹刀具　丝锥是数控机床加工内螺纹的一种常用刀具，其基本结构是一个轴向开槽的外螺纹。一般丝锥的容屑槽制成直的，也有的做成螺旋形，螺旋形容易排屑。加工右旋通孔螺纹时，选用左旋丝锥；加工右旋不通孔螺纹时，选用右旋丝锥，如图 18-5 所示。

4. 孔加工路线安排

（1）孔加工导入量与超越量　孔加工导入量（图 18-6 中 ΔZ）是指在孔加工过程中，刀具自快进转为工进时，刀尖点位置与孔上表面间的距离。孔加工导入量可参照表 18-2 选取。

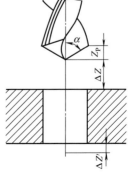

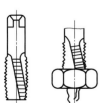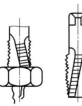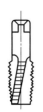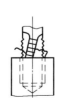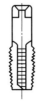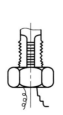

图 18-5　丝锥　　　　　　图 18-6　孔加工导入量与超越

孔加工超越量（图 18-6 中的 $\Delta Z'$），当钻通孔时，超越量通常取 $Z_p+(1\sim3)\text{mm}$，Z_p 为钻尖高度（通常取 0.3 倍钻头直径）；铰通孔时，超越量通常取 $3\sim5\text{mm}$；镗通孔时，超越量通常取 $1\sim3\text{mm}$；攻螺纹时，超越量通常取 $5\sim8\text{mm}$。

表 18-2　孔加工导入量

加工方法	表面状态	
	已加工表面	毛坯表面
钻孔	2～3	5～8
扩孔	3～5	5～8
镗孔	3～5	5～8
铰孔	3～5	5～8
铣削	3～5	5～8
攻螺纹	5～10	5～10

（2）相互位置精度高的孔系加工路线　对于位置精度要求较高的孔系加工，特别要注意孔的加工顺序的安排，避免将坐标轴的反向间隙带入，影响位置精度。

5. 孔的编程

指令见表 18-3。

表 18-3　铣床钻孔固定循环指令表

G 指令	钻孔（−Z 方向）	孔底动作	回退（+Z 方向）
G73	间歇切削进给	暂停	快速回退
G74	切削进给	暂停—主轴正转	切削回退
G76	切削进给	主轴定向	快速回退
G81	切削进给	—	快速回退
G82	切削进给	暂停	快速回退
G83	切削进给	暂停	快速回退
G84	切削进给	暂停—主轴反转	切削回退
G85	切削进给	—	切削回退
G86	切削进给	暂停—主轴停止	快速回退
G87	切削进给	主轴正转	快速回退
G88	切削进给	暂停—主轴停止	手动
G89	切削进给	暂停	切削回退
G80	—	—	—

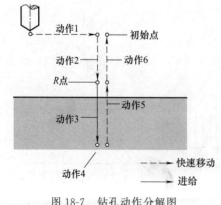

图 18-7　钻孔动作分解图

（1）钻孔动作分解　一般来说，钻孔循环有以下六个动作顺序：顺序动作 1，X、Y 轴定位；顺序动作 2，快速移动到 R 平面；顺序动作 3，执行钻孔动作；顺序动作 4，在孔底动作；顺序动作 5，退刀到 R 平面；顺序动作 6，快速回退到初始 Z 平面。如图 18-7 所示。

（2）返回到参考平面　通过 G99 指令，固定循环结束时返回到由 R 参数设定的参考平面。见图 18-8（a）。通过 G98 指令，固定循环结束时返回到指令固定循环的起始平面。见图 18-8（b）。

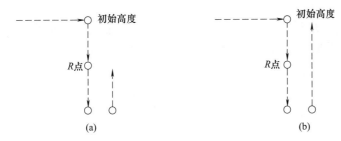

图 18-8 返回参考平面

（3）钻孔循环（中心钻）（G81） G81 循环用于一般孔加工。切削进给执行到孔底，然后刀具从孔底快速移动退回。G81 的动作序列如图 18-9 所示。图中虚线表示快速定位。

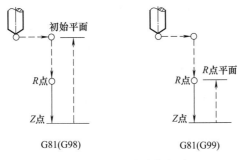

图 18-9 G81 的动作序列

格式：（G98/G99）G81 X __ Y __ Z __ R __ F __；

参数	含　义
X、Y	孔位数据,绝对值方式(G90)时为孔位绝对位置,增量值方式(G91)时为刀具从当前位置到孔位的距离
Z	指定孔底位置。绝对值方式(G90)时为孔底的 Z 向绝对位置,增量值方式(G91)时为孔底到 R 点的距离
R	指定 R 点的位置。绝对值方式(G90)时为 R 点的 Z 向绝对位置,增量值方式(G91)时为 R 点到初始平面的距离
F	切削进给速度

工作步骤：

① 刀位点快移到孔中心上方初始平面；

② 快移接近工件表面，到 R 点；

③ 向下以 F 速度钻孔，到达孔底 Z 点；

④ 主轴维持旋转状态，向上快速退到 R 点（G99）或 B 点（G98）。

【例 18-1】 加工如图 18-10 所示的孔。

%1801

N10 G54 G90 G00 X0 Y0 Z80

N20 M03 S600

N30 G98 G81 X20 Y15 R20 Z-18 F80

N40 X40 Y30

N50 G00 X0 Y0 Z80

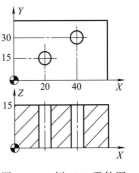

图 18-10 例 18-1 零件图

N60 M30

（4）深孔加工循环（G83） G83 固定循环用于 Z 轴的间歇进给，每向下钻一次孔后，快速退到参考平面 R 点，退刀量较大，排屑好，方便加冷却液。G83 的动作序列如图 18-11 所示。

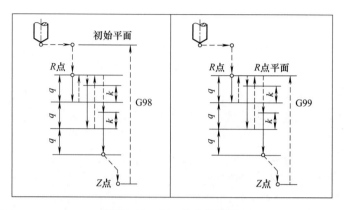

图 18-11　G83 的动作序列

格式：（G98/G99）G83 X ＿ Y ＿ Z ＿ R ＿ Q ＿ F ＿ P ＿；

参数	含　义
X、Y	绝对值方式(G90)时,指定孔的绝对位置;增量值方式(G91)时,指定刀具从当前位置到孔位的距离
Z	绝对值方式(G90)时,指定孔底的绝对位置;增量值方式(G91)时,指定孔底到 R 点的距离
R	绝对值方式(G90)时,指定 R 点的绝对位置;增量值方式(G91)时,指定 R 点到初始平面的距离
Q	为每次向下的钻孔深度(增量值,取负)
F	指定切削进给速度
P	指定在孔底的暂停时间(单位:ms)

工作步骤：

① 刀位点快移到孔中心上方；

② 快移接近工件表面，到 R 点；

③ 向下以 F 速度钻孔，深度为 q；

④ 向上快速抬刀到 R 点；

⑤ 向下快移到已加工孔深的上方，k 距离处；

⑥ 向下以 F 速度钻孔，深度为（$q+k$）；

⑦ 重复步骤④、⑤、⑥，到达孔底 Z 点；

⑧ 孔底延时 P 秒（主轴维持原旋转状态）；

⑨ 向上快速退到 R 点（G99）或初使高度（G98）。

【例 18-2】 加工如图 18-12 所示的孔。

％1802

N10 G54 G90 G00 X0 Y0 Z80

N20 G98 G83 X20 Y25 R10 P2000 Q－7 Z－40 F80

N30 X40

N40 G00 X0 Y0 Z80

N50 M30

（5）攻丝循环（G84） G84 指令与 G74 指令攻丝原理相同。G84 是主轴正转攻丝到孔底后反转回退。其动作如图 18-13 所示。

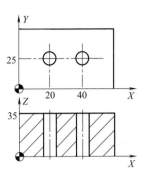

图 18-12　例 18-2 零件图

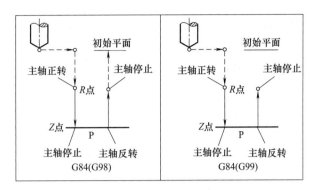

图 18-13　G84 的动作序列

格式：G84 X ＿ Y ＿ Z ＿ R ＿ P ＿ F ＿;

参数	含　义
X、Y	绝对值方式(G90)时,指定孔的绝对位置;增量值方式(G91)时,指定刀具从当前位置到孔位的距离
Z	绝对值方式(G90)时,指定孔底的绝对位置;增量值方式(G91)时,指定孔底到 R 点的距离
R	绝对值方式(G90)时,指定 R 点的绝对位置;增量值方式(G91)时,指定 R 点到初始平面的距离
F	指定螺纹导程
P	指定在孔底的暂停时间(单位:ms)

攻丝中的进给速度：

刚性攻丝时程序中指定的 F（进给速度）无效，沿攻丝轴的进给速度由下式计算：

$$进给速度＝主轴转速×螺纹导程$$

注意事项：

① 攻丝轴必须为 Z 轴；

② Z 点必须低于 R 点平面，否则程序报警；

③ G84 指令数据被作为模态数据存储，相同的数据可省略；

④ Z 的移动量为零时候，本循环不执行；

⑤ 在反向攻丝过程中，忽略进给速度倍率和进给保持；

⑥ 使用攻丝指令 G84 前，使用相应的 M 代码使主轴正转；

⑦ 调用 G84 刚性攻丝后必须由编程者恢复原进给速度，否则进给速度会为刚性攻丝速度即 s^* 螺距。

（6）高速深孔加工循环（G73）　G73 固定循环用于 Z 轴的间歇进给，深孔加工时易于断屑、排屑、加入冷却液，且退刀量不大，可以进行深孔的高速加工。G73 的动作序列如图 18-14 所示。图中虚线表示快速定位，q 表示每次进给深度，k 表示每次的回退值。

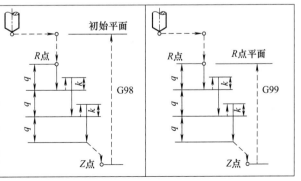

图 18-14　G73 的动作序列

格式：(G98/G99) G73 X __ Y __ Z __ R __ Q __ P __ K __ F __;

参数	含　义
X、Y	绝对编程(G90)时是孔中心在 XY 平面内的坐标位置；增量编程(G91)时是孔中心在 XY 平面内相对于起点增量值
Z	绝对编程(G90)时是孔底 Z 点的坐标值；增量编程(G91)时是孔底 Z 点相对于参照 R 点的增量值
R	绝对编程(G90)时是参照 R 点的坐标值；增量编程(G91)时是参照 R 点相对于初始 B 点的增量值
Q	为每次向下的钻孔深度（增量值，取负）
P	刀具在孔底的暂停时间，以 ms 为单位
K	为每次向上的退刀量（增量值，取正）
F	钻孔进给速度

钻孔动作：

① 刀位点快移到孔中心上方；

② 快移接近工件表面，到 R 点；

③ 向下以 F 速度钻孔，深度为 q；

④ 向上快速抬刀，距离为 k；

⑤ 步骤③、④往复多次；

⑥ 钻孔到达孔底 Z 点；

⑦ 孔底延时 P 秒（主轴维持旋转状态）；

⑧ 向上快速退到 R 点（G99）或初使高度（G98）。

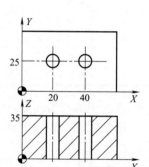

【例 18-3】　加工如图 18-15 所示的孔：

%1803

N10 G54 G90 G00 X0 Y0 Z80

N20 M03 S700

N30 G98 G73 X20 Y25 R10 P2000 Q10 K2 Z－40 F80

N40 X40

N50 G00 X0 Y0 Z80

N60 M30

图 18-15　例 18-3 零件图

(7) 钻孔固定循环取消（G80）　该指令用于取消钻孔固定循环。

格式　G80

注意：

① 取消所有钻孔固定循环，之后恢复正常操作；

② R 平面和 Z 平面取消；

③ 其他钻孔参数数据也被取消。

 制订工作计划

1. 零件孔加工加工工序图

绘图要求：①加工型面绘制粗实线，并标注测量尺寸，其他型面都绘制细实线，尺寸不标注。

②按比例绘图，绘制对刀符号。

2. 刀具、量具和夹具选用

① 刀具在刀柄中安装长度尺寸是多少？

② 检测使用什么量具？精度是多少？

③ 分析工件在夹具中定位和夹紧（定位和夹紧符号表达），限制哪几个自由度？

3. 切削用量参数确定（见表格内计算结果）（v_c = 20m/min）

刀具名称	主轴转速 /(r/min)	进给速度 /(mm/min)	铣削深度 /mm	铣削宽度 /mm	直径补偿 D/mm	长度补偿 H/mm

提问：解释计算过程。

笔记

4. 零件孔加工加工刀具路径图（刀补如何建立和取消图）

绘图要求：① 用 XY 平面图形表达、标注刀位点。（切入：从安全点到型面加工切入点；切出：从型面加工切出点到安全点。）

② 每人选择一个象限作为起刀点，按比例绘图。

5. 编写零件加工程序（主要程序段说明）

程序内容	程序说明	批注

执行工作计划

序号	操作流程	工作内容	学习问题反馈
1	孔类零件铣削刀具选择与安装	(1)孔类铣削加工刀具的选择； (2)孔类铣削加工刀具的装刀； (3)孔类铣削加工刀具的对刀	
2	项目零件的编程	(1)孔类铣削加工加工程序编写； (2)孔类铣削加工切削用量的选择； (3)孔类铣削加工编程指令的应用	
3	零件加工	孔类铣削加工特别注意加工过程刀具的切削情况	
4	零件检测	(1)用量具检测加工完成的零件，特别注意内孔的测量； (2)分析内孔加工误差产生的原因及解决方案	

 考核与评价

笔记

1. 职业素养考核

作为一门专业实践课，课程思政的考核重点是学生的职业素养、操作规范与劳动教育，是贯穿整个课程的过程性考核，具体评价项目及标准见表18-4。

表18-4　职业素养考核评价标准

考核项目		考核内容	配分	扣分	得分
加工前准备	纪律	服从安排；场地清扫等。违反一项扣1分	2		
	安全生产	安全着装；按规程操作等。违反一项扣1分	2		
	职业规范	机床预热、按照标准进行设备点检。违反一项扣1分	3		
加工操作过程	打刀	每打一次刀扣2分	4		
	废料	用错毛坯或加工废一块坯料扣2分（只允许换一次坯料）	2		
	文明生产	工具、量具、刀具定制摆放、工作台面的整洁等。违反一项扣1分	4		
	加工超时	如超过规定时间不停止操作，每超过10分钟扣1分	2		
	违规操作	用砂布、锉刀修饰；锐边没倒钝，或倒钝尺寸太大等没按规定的操作行为，扣1~2分	2		
加工结束后设备保养	清洁、清扫	清理机床内部的铁屑，确保机床表面各位置的整洁，清扫机床周围的卫生，做好设备的保养。违反一项扣1分	3		
	整理、整顿	工具、量具的整理与定制管理。违反一项扣1分	2		
	素养	严格执行设备的日常点检工作。违反一项扣1分	4		
出现撞机床或工伤		出现撞机床或工伤事故整个测评成绩记0分			
合　计			30		

2. 零件加工质量考核

具体评价项目及标准见表18-5。

表 18-5　孔类零件加工项目评分标准及检测报告

序号	检测项目	检测内容	检测要求	配分	学员自评	教师评价	
					自测尺寸	检测结果	得分
1	孔	$\phi 10^{+0.015}_{0}$	超差不得分	20			
2	螺纹	$2 \times M8$	超差不得分	20			
3	位置	20	超差不得分	10			
4		30	超差不得分	10			
5	其他	表面粗糙度	超差不得分	5			
6		锐角倒钝	超差不得分	2			
7		去毛刺	超差不得分	3			
合　计				70			

 总结与提高

1. 任务实施情况分析

任务完成后，学员根据任务实施情况，分析存在的问题及原因，并填写表 18-6。指导老师对任务实施情况进行讲评。

表 18-6　孔类零件加工任务实施情况分析表

项目实施过程	存在的问题	解决的办法
机床操作		
加工程序		
加工工艺		
加工质量		
安全文明生产		

笔记

2. 总结

① 装夹工件时，工件上表面不宜伸出太短，伸出钳口高度比加工零件深度尺寸长 10mm 左右即可。

② 刀具安装时，刀具的刀柄部位应全部装入刀套内，以提高其刚性。

③ 安装刀具时紧固固定螺母时应使用加力杆，防止螺母松动，刀具易打滑。

④ 在进行对刀操作时，机床工作模式最好用手轮模式，手轮倍率开关一般选择 $\times 10$ 或 $\times 1$ 的挡位。

⑤ 本任务提供的切削参数只是一个参考值，实际加工时应根据选用的设备、刀具的性能以及实际加工过程的情况及时修调。

⑥ 中心钻定位后，换上钻头及铰刀时应对 Z 轴，避免装刀。

⑦ 熟练掌握量具的使用，提高测量的精度。

模块 三

岗位核心技能

任务十九　综合类零件数控铣削加工

工作任务卡

任务引入

任务编号	19	任务名称	支撑块零件数控铣削加工
设备型号	VMC650	工作区域	数控实训中心-数控铣削教学区
版　本	V1	建议学时	12 学时
参考文件	1+X 数控车铣加工职业技能等级标准、华中数控系统操作说明书		
课程思政	1. 执行安全、文明生产规范，严格遵守车间制度和劳动纪律； 2. 着装规范（工作服、劳保鞋），不携带与生产无关的物品进入车间； 3. 实训现场工具、量具和刀具等相关物料的定制化管理； 4. 检查量具检定日期； 5. 严禁徒手清理铁屑，气枪严禁指向人； 6. 培养学生爱岗敬业、技术精湛、敢于创新、精益求精的工匠精神		

笔记

工具/设备/材料：

类别	名　称	规格型号	单位	数量
工具	机用虎钳		个	1
	虎钳扳手		把	1
	活动扳手		把	1
	铜棒		个	1
	等高垫铁		片	若干
	V 型铁		个	1
	强力刀柄	BT40-C32	个	若干
	强力刀套		个	若干
	刀柄夹紧扳手		把	1
	加力杆		把	1
	毛刷		把	1
	卫生清洁工具		套	1
量具	钢直尺	0～300mm	把	1
	游标卡尺	0～200mm	把	1
刀具	直柄立铣刀	$\phi16$	把	1
	直柄立铣刀	$\phi12$	把	1
耗材	棒料（45 钢）			按图样

1. 工作任务

加工如图 19-1 所示零件，毛坯为 100mm×100mm×23mm 的方料，材料为 45 钢，毛坯六面均已经加工完成

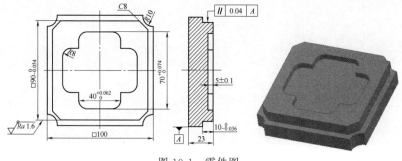

图 19-1　零件图

续表

2. 工作准备
（1）技术资料：工作任务卡 1 份、教材、华中数控系统操作说明书。
（2）工作场地：有良好的照明、通风和消防设施等条件。
（3）工具、设备：按《工具和设备》栏目准备相关工具和设备。
（4）建议分组实施教学。每 2～3 人为一组，每组配备一台数控铣床。通过分组讨论完成零件的工艺分析及加工工艺方案设计，通过演示和操作训练完成零件的加工。
（5）劳动防护：穿戴劳保用品、工作服

外形铣削加工工艺和刀具半径补偿功能

 引导问题

① 支撑块零件有何加工特点？

② 如何编制支撑块零件的数控加工工艺规程？

· 如何保证支撑块零件的位置精度？

型腔铣削加工工艺

 知识链接

1. 支撑块零件加工特点

（1）分析零件图样　支撑块零件的加工面由正反两面外轮廓和型腔组成，正反形状均比较简单，是比较典型的二维铣削加工零件。因此，可选择现有设备——数控铣床，刀具可选 1～2 把立铣刀，即可完成任务。

笔记

（2）工艺分析　根据给定加工毛坯和图纸的要求，确定主要型面加工方案如下：

100×100，$R10$ 底面轮廓：由于毛坯尺寸为 $100 \times 100 \times 23$ 的方料，毛坯六面均已加工，所以只需加工 4 个 $R10$ 圆角。底面轮廓最小凹圆角半径 $R10$，可选 $\phi16$ 立铣刀分粗、精加工轮廓，侧面留余量 0.3mm，深度加至 15mm。

90×90 正面轮廓：以前一工序的轮廓为夹持部分，校正工件；选用 $\phi16$ 立铣刀粗加工外轮廓和型腔，侧面和底面均留余量 0.3mm；选用 $\phi12$ 立铣刀完成正面外轮廓和型腔的精加工。

（3）确定装夹方案　工件是方形毛坯料，可用精密平口钳装夹校正。

2. 支撑块零件加工位置精度控制

（1）平行度位置精度误差分析　平行度指两平面或者两直线平行的程度，指一平面（边）相对于另一平面（边）平行的误差最大允许值。

由支撑块零件图可知，反面 100mm 凸台侧边毛坯边为基准边 A，正面加工后的 90mm 凸台侧边相对基准 A 的平行度误差为 0.04；由于正反两个侧边非一次性加工成型，且由两个工序分开加工完成，要想保证零件平行度要求，必须校正好虎钳，保证虎钳固定钳口与机床 X 轴的平行度误差在 0.04 范围以内。

如果实际加工过程中，虎钳未校正，加工零件有可能出现正反两面凸台错位，如图 19-2 所示。

（2）虎钳校正检具　常用的虎钳校正检具为百分表，百分表分为普通百分表和杠杆百分表，普通百分表基本结构如图 19-3 所示；杠杆百分表基本结构如图 19-4 所示。

两种百分表均可用来校正虎钳，使用时需要利用磁力表座将百分表固定，然后将磁力表座的磁力头吸附在机床主轴上，如图 19-5 所示。

数控铣削
钻孔加工

数控加工工
艺基本概念

两侧边不平行

图 19-2　正反凸台错位图

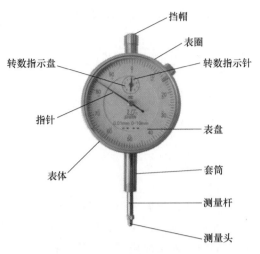

挡帽

表圈

转数指示盘

转数指示针

指针

表盘

表体

套筒

测量杆

测量头

图 19-3　普通百分表

笔记

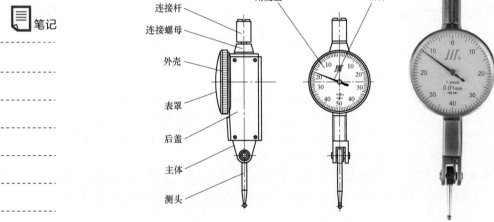

连接杆

刻度盘

指针

连接螺母

外壳

表罩

后盖

主体

测头

图 19-4　杠杆百分表

图 19-5　磁力表座和杠杆百分表

（3）虎钳校正步骤

① 将虎钳底部和机床工作台拭擦干净，虎钳放在机床工作台中心位置。

② 大致摆正虎钳，轻微扭紧虎钳固定螺钉。

③ 带表磁力表座吸附在机床主轴上，移动机床工作台，将百分表指针靠近虎钳固定钳口，沿机床 X 轴或 Y 轴移动工作台，观察百分表指针的变化，根据固定钳口两端点百分表指针的误差值，用木槌或铜棒轻轻敲击虎钳，使其微量转动，反复移动工作台观察固定钳口两点百分表读数误差，误差值在 0.02 以内即可，表明虎钳固定钳口和机床 X 轴或 Y 轴平行。

④ 均匀用力扭紧虎钳固定螺钉，再用百分表检验一次固定钳口左右两端的误差值，如果没有变化则虎钳校正完成。

（4）百分表校正虎钳时的注意事项

① 在工作台上安装虎钳之前要先清理工作台面，不允许有毛刺及凸起，工作台面应保证平整。

② 校正前应仔细检查磁力表座吸附是否牢固，否则容易造成测量结果不准确，或摔坏百分表。

③ 使用前，应检查测量杆活动的灵活性。即轻轻推动测量杆时，测量杆在套筒内的移动要灵活，每次手松开后，指针能回到原来的刻度位置。

④ 打表位置应使测量头接触固定钳口光滑面位置，不要用百分表测量表面粗糙度或有显著凹凸不平的工作位置。

⑤ 测量时，不要使测量杆的行程超过它的测量范围，不要使表头突然撞到工件上，以免损坏测量指针。

⑥ 测量时，百分表指针顺时针转动则代表当前位置高，逆时针则代表当前位置低。

⑦ 校正虎钳时，待指针指示到最大位置或者最小位置时使用铜棒或木槌敲击虎钳，直至固定钳口两端点高度误差在允许范围内。

工艺路线拟定和工艺文件填写

笔记

 制订工作计划

工艺规程文件制定

机械加工工艺过程卡

零件名称			材料	45 钢	零件图号		
工序号	工种		工序内容		夹具	设备名称	设备型号
编制		审核		时间		第　页	共　页

制订计划

笔记

机械加工工序卡

零件名称		工序号		夹具名称	
设备名称		设备型号		材料名称		材料牌号	
程序编号					

工序简图（按装夹位置）

工步号	工步内容	切削用量			刀具		量具名称
		主轴转速 /(r/min)	进给速度 /(mm/min)	背吃刀量 /mm	名称及规格	刀号	

编制		审核		时间		第 页	共 页

机械加工工序卡

零件名称		工序号		夹具名称		
设备名称		设备型号		材料名称		材料牌号	
程序编号						

工序简图（按装夹位置）

工步号	工步内容	切削用量			刀具		量具名称
		主轴转速 /(r/min)	进给速度 /(mm/min)	背吃刀量 /mm	名称及规格	刀号	

编制		审核		时间		第　页		共　页	

机械加工刀具卡

机械加工刀具卡		工序号	程序编号	产品名称	零件名称	材料	零件图号

序号	刀具号	刀具名称及规格	刀具材料	加工的表面

编制		审核		第 页	共 页

笔记

执行工作计划

序号	操作流程	工作内容	学习问题反馈
1	虎钳校正	利用磁力表座和百分表校正虎钳固定钳口，百分表指针在固定钳口左右两端点的读数误差在0.02mm以内	
2	反面凸台，工件装夹	机用虎钳夹持毛坯一端，伸出钳口高度大约16mm	
3	反面凸台零件加工	运行程序，完成零件加工。选择单步运行，结合程序观察走刀路线和加工过程。粗加工后，测量工件尺寸，针对加工误差进行适当补偿	
4	反面凸台零件检测	用量具检测加工完成的零件	
5	反面凸台，工件装夹	机用虎钳夹持毛坯一端，伸出钳口高度大约16mm	
6	正面凸台零件加工	运行程序，完成零件加工。选择单步运行，结合程序观察走刀路线和加工过程。粗加工后，测量工件尺寸，针对加工误差进行适当补偿	
7	正面凸台零件检测	用量具检测加工完成的零件	

执行计划

考核与评价

📝 笔记

1. 职业素养考核

作为一门专业实践课，课程思政的考核重点是职业素养、操作规范和劳动教育，是贯穿整个课程的过程性考核。具体评价项目及标准见表19-1。

表19-1　职业素养考核评价标准

考核项目		考核内容	配分	扣分	得分
加工前准备	纪律	服从安排；场地清扫等。违反一项扣1分	2		
	安全生产	安全着装；按规程操作等。违反一项扣1分	2		
	职业规范	机床预热、按照标准进行设备点检。违反一项扣1分	4		
加工操作过程	打刀	每打一次刀扣2分	4		
	文明生产	工具、量具、刀具定制摆放、工作台面的整洁等。违反一项扣1分	4		
	违规操作	用砂布、锉刀修饰；锐边没倒钝，或倒钝尺寸太大等没按规定的操作行为，扣1~2分	4		
加工结束后设备保养	清洁、清扫	清理机床内部的铁屑，确保机床表面各位置的整洁，清扫机床周围的卫生，做好设备的保养。违反一项扣1分	4		
	整理、整顿	工具、量具的整理与定制管理。违反一项扣1分	2		
	素养	严格执行设备的日常点检工作。违反一项扣1分	4		
出现撞机床或工伤		出现撞机床或工伤事故整个测评成绩记0分			
合　计			30		

2. 零件加工质量考核

具体评价项目及标准见表19-2。

表19-2　支撑块零件加工项目评分标准及检测报告

序号	检测项目	检测内容	检测要求	配分	学员自评 自测尺寸	教师评价 检测结果	得分
1	反面凸台（10分）	4×R10	超差不得分	10			

续表

序号	检测项目	检测内容	检测要求	配分	学员自评	教师评价	
					自测尺寸	检测结果	得分
2	正面凸台	$90_{-0.054}^{\ 0}$	超差不得分	10			
3		$70_{\ 0}^{+0.074}$	超差不得分	5			
4	（30分）	$40_{\ 0}^{+0.062}$	超差不得分	5			
5		$C8$	超差不得分	5			
6		$R8$	超差不得分	5			
7	深度	$10_{-0.036}^{\ 0}$	超差不得分	5			
8	（10分）	5 ± 0.1	超差不得分	5			
9	平行度（10分）	0.04	超差不得分	10			
10	其他	表面粗糙度	超差不得分	5			
11		锐角倒钝	超差不得分	2			
12	（10分）	去毛刺	超差不得分	3			
		合　计		70			

总结与提高

笔记

总结与提高

1. 任务实施情况分析

任务完成后，学员根据任务实施情况，分析存在的问题及原因，并填写表 19-3。指导老师对任务实施情况进行讲评。

表 19-3　支撑块零件加工任务实施情况分析表

任务实施过程	存在的问题	解决的办法
机床操作		
虎钳校正		
加工程序		
加工工艺		
加工质量		
安全文明生产		

2. 总结

① 虎钳校正时一定要将固定钳口左右两端误差控制在 0.02mm 以内；装夹工件时，工件不宜伸出虎钳钳口太高，零件装夹必须夹紧垫平，底部用等高垫铁垫实。

② 刀具安装时，刀具伸出刀套部分要尽量短，以提高刀具的加工刚性；同时夹紧刀具避免振刀。

③ 零件首件切削必须单段运行程序，双手操作，及时调整加工参数。

④ 熟练掌握量具的使用，提高测量的精度。

3. 扩展实践训练零件图样二维码

任务二十 数控铣削 CAD/CAM 软件编程与加工

工作任务卡

任务编号	20	任务名称	底座零件数控铣削自动编程与加工
设备型号	VMC650	工作区域	数控实训中心-数控铣削教学区
版本	V1	建议学时	12 学时
参考文件	1+X 数控车铣加工职业技能等级标准、华中数控系统操作说明书		
课程思政	1. 执行安全、文明生产规范,严格遵守车间制度和劳动纪律; 2. 着装规范(工作服、劳保鞋),不携带与生产无关的物品进入车间; 3. 实训现场工具、量具和刀具等相关物料的定制化管理; 4. 检查量具检定日期; 5. 严禁徒手清理铁屑,气枪严禁指向人; 6. 培养学生爱岗敬业、技术精湛、规范操作、敢于创新、精益求精的职业态度。		

工具/设备/材料:

笔记

类别	名　　称	规格型号	单位	数量
工具	机用虎钳		个	1
	虎钳扳手		把	1
	活动扳手		把	1
	铜棒		个	1
	等高垫铁		片	若干
	V 型铁		个	1
	强力刀柄	BT40-C32	个	若干
	强力刀套		个	若干
	刀柄夹紧扳手		把	1
	加力杆		把	1
	毛刷		把	1
	卫生清洁工具		套	1
量具	钢直尺	0~300mm	把	1
	游标卡尺	0~200mm	把	1
刀具	直柄立铣刀	$\phi16$	把	1
	直柄立铣刀	$\phi12$	把	1
耗材	45 钢			按图样

续表

---

1. 工作任务

加工如图 20-1 所示零件，毛坯为 100mm×80mm×20mm 方料，材料为 45 钢，毛坯六面均已经加工完成。

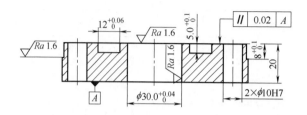

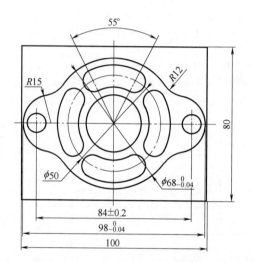

图 20-1　零件图

---

2. 工作准备

(1)技术资料：工作任务卡 1 份、教材、华中数控系统操作说明书。

(2)工作场地：有良好的照明、通风和消防设施等条件。

(3)工具、设备：按《工具和设备》栏目准备相关工具和设备。

(4)建议分组实施教学。每 2～3 人为一组，每组配备一台数控铣床。通过分组讨论完成零件的工艺分析及加工工艺方案设计，通过演示和操作训练完成零件的加工。

(5)劳动防护：穿戴劳保用品、工作服

？ 引导问题

① 底座零件数控铣削加工特点？

② UG 软件 CAM 模块相关参数有哪些？

③ 底座零件数控铣削自动编程加工具体步骤是什么？

知识链接

1. 底座零件铣削加工特点

（1）零件图样分析　该零件为典型的二维综合零件，加工要素包含了外轮廓，内轮廓和孔，其中轮廓底面与中心孔壁表面质量要求较高，所有加工要素均有较高的尺寸精度要求；根据零件特征，可选用数控立式铣床或加工中心机床通过一次装夹完成该零件的整体切削加工。

（2）工艺分析　根据给定加工毛坯和图纸的要求，确定主要型面加工方案如下：

外轮廓和 $\phi30$ 通孔：根据最小凹圆角半径 $R12$，可选用 $\phi16$ 立铣刀粗加工外轮廓和中心 $\phi30$ 通孔，孔壁留余量 0.3mm，轮廓侧边和底面分别留余量 0.3mm；由于是单件生产，轮廓加工精度较高，分别选用不同的刀具完成外轮廓和孔的粗、精加工。

腰型槽：根据腰型槽半径 $R6$，可选用 $\phi8$ 立铣刀粗加工腰型槽，侧边和底面分别留余量 0.3mm；然后用 $\phi8$ 立铣刀精加工腰型槽底面和侧边，保证腰型槽图纸尺寸和表面质量。

$\phi10H7$ 通孔：选用 $\phi3$ 中心钻钻中心孔，然后用 $\phi9.8$ 麻花钻钻底孔，留孔壁精加工余量，然后用 $\phi10H7$ 机用铰刀完成孔精加工。

2. 底座零件自动编程与加工实施

（1）零件的三维建模

① 创建长方形实体　打开 UG NX 软件，进入建模模块，选择菜单插入—设计特征—长方体命令，输入长方体放置基准点（-50，-40，0），分别输入长方体长、宽、高尺寸（100，80，12），选择布尔运算（无），确定即可绘制底座零件的长方体部分。

② 创建外轮廓凸台　选择菜单插入—草图，选择前一步骤长方体上表面为草绘平面，绘制凸台轮廓曲线，如图 20-2 所示。

选择菜单插入—设计特征—拉伸命令，选择刚才绘制的凸台轮廓曲线，分别输入拉伸起始距离（0），结束距离（8），选择布尔运算（求和），确定即可绘制底座零件的凸台外形，绘制结果如图 20-3 所示。

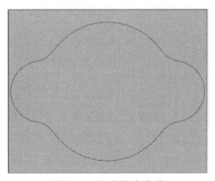

图 20-2　凸台轮廓曲线

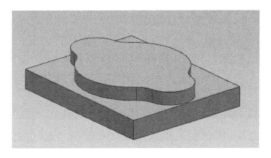

图 20-3　凸台三维实体

③ 创建腰型槽　选择菜单插入—草图，选择凸台上表面为草绘平面，绘制腰型槽轮廓曲线，如图 20-4 所示。

选择菜单插入—设计特征—拉伸命令，选择绘制的四个腰型槽曲线，分别输入拉伸起始距离（0），结束距离（5），选择布尔运算（求差），点击确定，即可绘制底座零件的腰型槽特征。绘制结果见图 20-5。

笔记

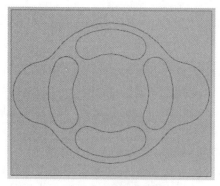

图 20-4　腰型槽轮廓曲线

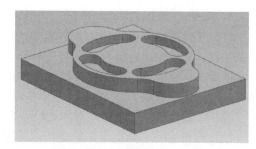

图 20-5　腰型槽三维实体

④ 创建中心 $\phi30$ 通孔特征　选择菜单插入—设计特征—孔命令，进入孔参数对话框，选择孔类型（常规孔），选择凸台上表面圆心为孔放置点，分别输入孔直径（30），深度（50），选择布尔运算（求差），点击确定，即可绘制底座零件的中心通孔特征。绘制结果见图 20-6。

⑤ 创建 2 个 $\phi10$ 孔特征　选择菜单插入—设计特征—孔命令，进入孔参数对话框，选择孔类型（常规孔），选择点构造器，输入孔中心位置（-42，0，20）（-42，0，20），分别输入孔直径（10），深度（50），选择布尔运算（求差），点击确定，即可绘制底座零件的 $\phi10$ 通孔特征，最终完成底座零件的三维建模。绘制结果见图 20-7。

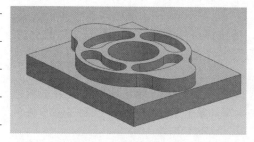

图 20-6　通孔三维实体

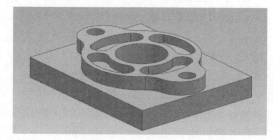

图 20-7　底座三维实体

（2）零件的自动编程

① 创建加工毛坯　打开 NX 软件，进入建模模块，选择菜单格式—图层命令，在弹出的图层对话框中输入工作图层（2），确定之后关闭图层设置对话框。

选择菜单插入—设计特征—长方体命令，输入长方体放置基准点（-50，-40，0），分别输入长方体长、宽、高尺寸（100，80，20），选择布尔运算（无），确定即可绘制加工毛坯实体。

② 创建加工坐标系及安全平面　点击开始菜单，进入 NX 软件加工模块，在工序导航器空白区域点击鼠标右键，选择几何视图显示状态，鼠标左键双击 MCS，在弹出的 MCS 对话框中点击指定 MCS 按钮，如图 20-8 所示，选择底座上表面圆心为加工坐标系原点，确定即完成加工坐标系设置，效果如图 20-9 所示。

图 20-8　指定 MCS

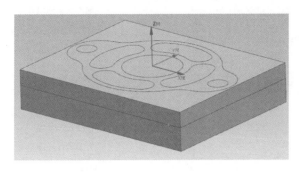

图 20-9　加工坐标系

继续在弹出的 MCS 对话框中，安全设置选项选择（平面），如图 20-10 所示，选择毛坯上表面为安全平面偏置参考，输入偏置距离 50，确定即完成安全平面的设置，效果如图 20-11 所示。

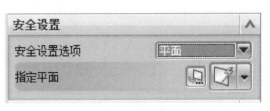

图 20-10　安全平面设置

③ 设置加工几何体　点击 MCS 前扩展按钮 ，鼠标双击加工几何体按钮 WORKPIECE，弹出"铣削几何体"对话框；单击"指定部件"，选定被加工的底座零件，点击确定；单击"指定毛坯"，选择建立的 100mm×80mm×20mm 长方体，点击确定即完成加工几何体的设置。

④ 创建加工刀具　单击"创建刀具"图标，即 创建刀具，弹出"创建刀具"对话框。设置类型为"mill_planar"，"刀具子类型"为"MILL"，即，"名称"为"D16"，单击确定，进入"铣刀参数"对话框，在"直径"处输入"16"，刀刃输入"3"，单击"确定"即可。

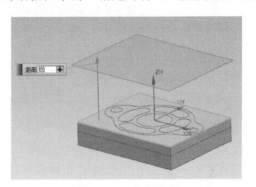

图 20-11　安全平面

以类似的方法创建立铣刀 D8，中心钻 ZX3，麻花钻 Z9.7，铰刀 J10。

⑤ 创建外轮廓粗加工操作　单击"创建操作"图标，即 创建操作，在弹出的"创建操作"对话框中，设置"类型"为"mill_planar"，"操作子类型"为"PLANAR_MILL"（即），"刀具"选择"D16"，"几何体"选择"WORKPIECE"，如图 20-12 所示，单击"确定"按钮，进入"平面铣"对话框，如图 20-13 所示。

选择指定毛坯边界按钮，进入"边界几何体"选择对话框，选择 100mm×80mm×20mm 长方块的上表面，点击"确定"，则完成毛坯边界的设定。

选择菜单格式—图层设置，选择图层 1，单击鼠标右键，将图层 2 设置为工作图层，并去掉图层 2 前面"勾选项"，设置毛坯所在图层为不可见，进入"平面铣"对话框。在"几何体"中点击指定部件边界按钮，进入"边界几何体"选择对话框，在"模式"处选择"面"，选择如图 20-14 所示零件的 2 个面和底座零件的底面，点击"确定"，则完成部件边界的设定。

图 20-12 "创建操作"对话框

图 20-13 "平面铣"对话框

笔记

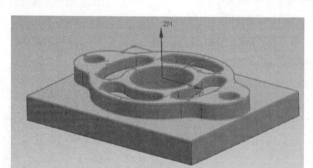

图 20-14 部件边界所选面

在"几何体"中点击指定底面按钮 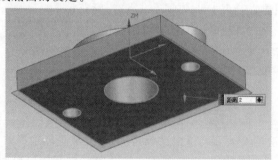，进入"平面构造器"对话框，在"过滤器"处选择"任意"或者"面"，在"偏置"处输入"2"。选择如图 20-15 所示的面，点击"确定"，则完成底面的设定。

图 20-15 加工底面

在"方法"中选择"MILL-ROUGH"，"切削模式"选择"跟随部件"，"步距"选择"%刀具平直"，即为刀具直径的百分比，"平直直径百分比"输入"75"。如图 20-16 所示。

点击"切削层"图标，即 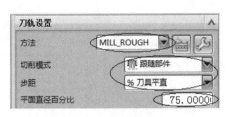，"类型"选择"用户定义"，公共深度输入"5（每刀最大切深）"，如图 20-17 所示，其余参数按默认值即可，完成 Z 向每刀切削深度的设置。

图 20-16　一般参数设定

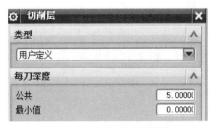

图 20-17　切削层参数设置

单击"切削参数"图标，即 ，弹出"切削参数"对话框，在"策略"页中，"切削方向"设为"顺铣"，"切削顺序"设为"深度优先"；在"余量"页中输入"部件余量"、"最终底面余量"均为"0.3"，其他余量为"0"；在"连接"页中，"开放刀路"设为"变换切削方向"，其他参数使用默认值。

单击"非切削移动"图标，即 ，弹出"非切削移动"对话框，在"进刀"页中，设置"封闭区域"—"进刀类型"为"螺旋线"，设置"开放区域"—"进刀类型"为"圆弧"，具体参数设置如图 20-18 所示；在"转移/快速"选项中设置抬刀和移动等空走刀参数，设置"区域之间"—"转移类型"为"安全距离—刀轴"，设置"区域内"—"转移类型"为"前一平面"。

单击"进给和速度"图标，即 ，弹出"进给和速度"对话框。设置主轴转速和进给参数，单击"确定"按钮；单击"生成"图标，即 ，生成刀路轨迹，然后单击"确定"完成此操作，生成的刀路轨迹如图 20-19 所示。

图 20-18　非切削移动参数设置

📝笔记

选中外轮廓粗加工刀路，单击鼠标右键，执行"刀轨"—"确认"；进入实体模拟仿真加工。在弹出的"刀轨可视化"对话框中，选择"2D 动态"，点击"选项"，进入"IPW 碰撞检查"对话框，勾选"碰撞时暂停"，然后点击确定。单击"播放"，仿真加工开始。最后得到仿真加工效果，单击"刀轨可视化"对话框中的"比较"按钮，则可以清楚地看出结果零件跟部件之间的差别，如图 20-20 所示。

仿真加工中白色部分为剩余材料，绿色部分为加工零件表面。从图 20-20 中可知，粗加工完成后外轮廓侧边、底面均留有 0.3mm 余量；中心孔壁同样留有 0.3mm 余量。

⑥ 外轮廓精加工　外轮廓粗、精加工表面基本相同，精加工只需要去除凸台侧边、底面和中心孔壁的余量，所以加工刀具路径与粗加工基本类似；可在"工序导航器"中，选择外轮廓粗加工刀具路径，单击鼠标右键，依次选择"复制"和"粘贴"。

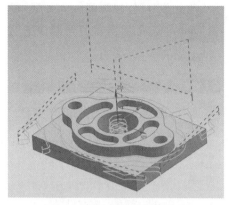

图 20-19 外轮廓粗刀路轨迹

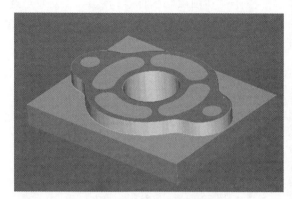

图 20-20 仿真加工结果

　　双击之前复制粘贴的外轮廓精加工刀具路径，进入参数编辑状态。点击指定部件边界按钮，进入"边界编辑"对话框，选择零件凸台上表面和台阶底面 2 个面，接下来点击边界编辑对话框右下角 ▶ 按钮，当选中中心孔边界时选择"移除"按钮，去除中心孔精加工轮廓，点击"确定"，则完成部件加工边界的更新。

　　在"几何体"中点击指定底面按钮，进入"平面构造器"对话框，在"过滤器"处选择"任意"或者"面"，在"偏置"处输入"0"。选择底座零件台阶面为精加工底面，点击"确定"，则完成底面的重新设定。

　　在"切削层"中选择"底面及临界深度"选项，"切削参数"的"余量"页中所有余量均改为"0"；"非切削移动"的"进刀"页中，封闭区域的进刀改成"和开放区域相同"，"开放区域"的"进刀类型"设为"圆弧"。在"开始/钻点"页中，"重叠距离"设为"3"；"进给和速度"修改主轴转速和进给参数，单击"生成"图标，即 ，生成刀路轨迹，然后单击"确定"完成此操作，生成的刀路轨迹如图 20-21 所示；最后精加工完成后模拟仿真加工结果如图 20-22 所示。

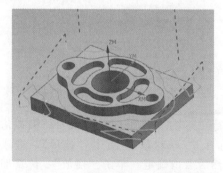

图 20-21 外轮廓精加工刀路轨迹

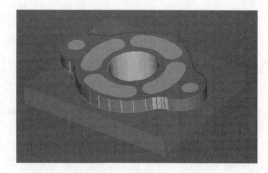

图 20-22 仿真加工结果

　　⑦ 中心通孔精加工　中心通孔精加工方法和外轮廓基本类似，只需要将部件加工边界选择成上表面和底座零件底面，去除已经加工过的凸台轮廓，保留中心通孔上下两个边界即可；底面选择底座底面并向下偏置 2mm，形成通孔加工即可，另外切削参数和非切削参数以及进给和速度由于和上一个工序为同一把刀具加工，所有参数相同。

　　⑧ 腰型槽粗加工　和外轮廓粗加工类似，单击"创建操作"图标，即 创建操作 ，在弹出

的"创建操作"对话框中，选择
"PLANAR_MILL"，即 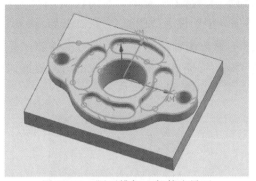，"刀具"选
择"D8"，"几何体"选择"WORK-
PIECE"，在弹出的平面铣削对话框中选
择 100mm×80mm×20mm 长方块的上
表面为毛坯边界；选择如图 20-23 所示零
件上表面和腰型槽底面为加工边界，并
去除与腰型槽加工无关的凸台轮廓边、
中心孔轮廓边和两小孔轮廓，指定腰型
槽下底面为底平面。

图 20-23 腰型槽加工部件边界面

和外轮廓粗加工相似，点击"切削层"图标，即 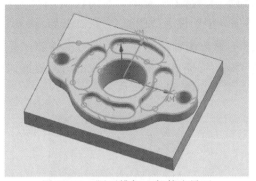，"类型"选择"用户定义"，
公共深度输入"2（每刀最大切深）"，其余参数按默认值即可，完成 Z 向每刀切削深度
的设置。

单击"切削参数"图标，即 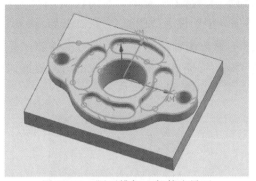，"切削方向"设为"顺铣"，"切削顺序"设为"深
度优先"。在"余量"页中输入"部件余量"、"最终底面余量"均为"0.3"，其他余量
为"0"。在"连接"页中，"开放刀路"设为"变换切削方向"，其他参数使用默认值。

单击"非切削移动"图标，即 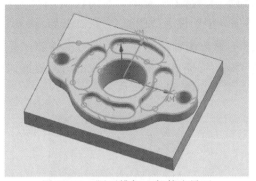，弹出"非切削移动"对话框，在"进刀"页中，
设置"封闭区域"—"进刀类型"为"沿形状斜进刀"，设置参数与螺旋下刀相同；设置
"开放区域"—"进刀类型"为"圆弧"，圆弧大小为"2"，在"转移/快速"选项中设置
抬刀和移动等空走刀参数，设置"区域之间"—"转移类型"为"安全距离—刀轴"；设
置"区域内"—"转移类型"为"前一平面"。

单击"进给和速度"图标，即 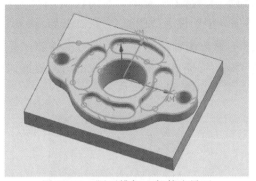，弹出"进给和速度"对话框。设置主轴转速和进
给参数，单击"确定"按钮。单击"生成"图标，即 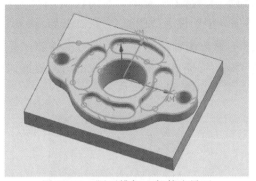，生成刀路轨迹，然后单击"确
定"完成此操作，生成的刀路轨迹如图 20-24 所示，最后模拟仿真加工如图 20-25 所示。

📝笔记

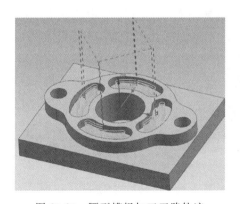

图 20-24 腰型槽粗加工刀路轨迹

图 20-25 腰型槽粗加工仿真效果

⑨ 腰型槽精加工 腰型槽粗、精加工表面基本相同，精加工只需要去除凸台侧边、
底面的余量，所以加工刀具路径与粗加工基本类似；可在"工序导航器"中，选择腰
型槽粗加工刀具路径，单击鼠标右键，依次选择"复制"和"粘贴"。

双击之前复制粘贴的腰型槽精加工刀具路径，进入参数编辑状态，更改"切削模
式"为"轮廓加工"，在"切削参数"的"余量"页中所有余量均改为"0"。"非切削

移动"的"进刀"页中，封闭区域的进刀改成"和开放区域相同"，"开放区域"的"进刀类型"设为"圆弧"。在"开始/钻点"页中，"重叠距离"设为"3"；"进给和速度"，修改主轴转速和进给参数。单击"生成"图标，即 🖐，生成刀路轨迹，然后单击"确定"完成此操作，生成的刀路轨迹如图 20-26 所示，最后精加工完成后模拟仿真加工结果如图 20-27 所示。

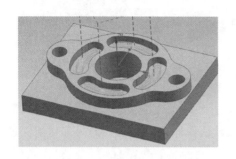

图 20-26 腰型槽精加工刀路轨迹

图 20-27 腰型槽仿真加工结果

⑩ 孔加工 单击"创建操作"图标，即 创建操作，在弹出的"创建操作"对话框中，设置"类型"为"drill"，"操作子类"型为"🔽"，即钻中心孔，"刀具"选择"ZXZ3"，"几何体"选择"WORKPIECE"，"方法"选择"DRILL_METHOD"。

在定心钻对话框中点击图标 🔲，进入"指定孔"选择对话框。单击选择——一般点，按加工顺铣选中两个小孔的圆心点，点击确定—选择结束—规划完成，即完成钻孔位置的设定。

在"几何体"中点击图标 🔲，选择零件的上表面，点击"确定"，完成部件表面设定。

在"循环类型"下单击图标 🔩，点击"确定"。进入"Cycle 参数"对话框。点击"Depth"选择"刀尖深度"输入"3"；点击"进给率"输入"30"；点击"确定"即完成孔加工参数设置。

单击"进给和速度"图标，即 🔩，弹出"进给和速度"对话框。设置主轴转速和其他进给参数，单击"确定"按钮。单击"生成"图标，即 🖐，生成刀路轨迹，然后单击"确定"完成此操作。钻孔加工基本思路相同，最后加工完成仿真结果如图 20-28 所示。

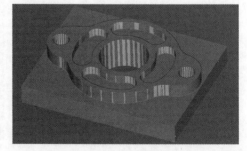

图 20-28 孔加工仿真加工结果

⑪ 生成加工程序 分别选中上述各个操作，单击鼠标右键，选择"后处理"或者单击要后处理的操作，然后进入"工具"—"操作导航器"—"输出"—"NX Post 后处理"，弹出"后处理"对话框，如图 20-29 所示。

在后处理对话框中选择"后处理器"为"MILL_3_AXIS"，"单位"选择"公制/部件"，然后单击"确定"。在接下来弹出的对话框中继续点击"确定"，即可生成数控铣削加工程序。

图 20-29 "后处理"对话框

 制订工作计划

 笔记

工艺规程文件制订

机械加工工艺过程卡								
零件名称		材料	45 钢		零件图号			
工序号	工种	工序内容				夹具	设备名称	设备型号
编制		审核		时间		第　页		共　页

机械加工工序卡

零件名称		工序号		夹具名称	
设备名称		设备型号		材料名称		材料牌号	
程序编号					

工序简图（按装夹位置）

工步号	工步内容	切削用量			刀具		量具名称
		主轴转速 /(r/min)	进给速度 /(mm/min)	背吃刀量 /mm	名称及规格	刀号	
编制		审核		时间		第 页	共 页

笔记

机械加工工序卡

零件名称		工序号		夹具名称	
设备名称		设备型号		材料名称		材料牌号	
程序编号					

工序简图（按装夹位置）

工步号	工步内容	切削用量			刀具		量具名称
		主轴转速 /(r/min)	进给速度 /(mm/min)	背吃刀量 /mm	名称及规格	刀号	

编制		审核		时间		第 页		共 页	

机械加工刀具卡

机械加工刀具卡		工序号	程序编号	产品名称	零件名称	材料	零件图号
序号	刀具号	刀具名称及规格		刀具材料		加工的表面	
编制		审核			第　页		共　页

执行工作计划

序号	操作流程	工作内容	学习问题反馈
1	零件的建模	使用 NX 软件完成零件的建模	
2	创建刀具路径	使用 NX 软件完成零件铣削加工刀具路径的创建	
3	后置处理	使用 NX 软件完成零件铣削加工刀具路径的后处理，生成加工程序	
4	工件装夹	注意工件的装夹位置和零件的校正	
5	对刀	正确对刀，提高对刀精度	
6	程序校验	在 NX 软件中完成了零件 3D 实体切削模拟后，再利用仿真加工软件完成零件的模拟切削和尺寸测量	
7	零件加工	运行程序，完成零件加工。选择单步运行，结合程序观察走刀路线和加工过程。粗车后，测量工件尺寸，针对加工误差进行适当补偿	
8	零件检测	用量具检测加工完成的零件	

考核与评价

1. 职业素养考核

作为一门专业实践课，课程思政的考核重点是职业素养、操作规范和劳动教育，是贯穿整个课程的过程性考核。具体评价项目及标准见表 20-1。

表 20-1　职业素养考核评价标准

考核项目		考核内容	配分	扣分	得分
加工前准备	纪律	服从安排;场地清扫等。违反一项扣 1 分	2		
	安全生产	安全着装;按规程操作等。违反一项扣 1 分	2		
	职业规范	机床预热、按照标准进行设备点检。违反一项扣 1 分	4		
加工操作过程	打刀	每打一次刀扣 2 分	4		
	文明生产	工具、量具、刀具定制摆放、工作台面的整洁等。违反一项扣 1 分	4		
	违规操作	用砂布、锉刀修饰;锐边没倒钝,或倒钝尺寸太大等没按规定的操作行为,扣 1~2 分	4		
加工结束后设备保养	清洁、清扫	清理机床内部的铁屑,确保机床表面各位置的整洁,清扫机床周围的卫生,做好设备的保养。违反一项扣 1 分	4		
	整理、整顿	工具、量具的整理与定制管理。违反一项扣 1 分	2		
	素养	严格执行设备的日常点检工作。违反一项扣 1 分	4		
出现撞机床或工伤		出现撞机床或工伤事故整个测评成绩记 0 分			
合计			30		

2. 零件加工质量考核

具体评价项目及标准见表 20-2。

笔记

表 20-2　底座零件加工项目评分标准及检测报告

序号	检测项目	检测内容	检测要求	配分	学员自评 自测尺寸	教师评价 检测结果	得分
1	外形轮廓尺寸	$\phi 68_{-0.04}^{0}$	超差不得分	5			
2		$98_{-0.04}^{0}$	超差不得分	5			
3		$8_{0}^{+0.1}$	超差不得分	5			
4		$R12$	超差不得分	3			
5		$R15$	超差不得分	3			
6		外形轮廓的加工完整情况	一处轮廓未加工完整不得分	4			
7	腰型槽	$12_{0}^{+0.06}$	超差不得分	4			
8		$\phi 50$	超差不得分	3			
9		$5_{0}^{+0.1}$	超差不得分	4			
10		$55°$	超差不得分	3			
11		腰型槽轮廓的加工完整情况	一处轮廓未加工完整不得分	4			
12	孔	84 ± 0.02	超差不得分	3			
13		$\phi 10H7$	超差不得分	5			
14		$\phi 30_{0}^{+0.04}$	超差不得分	5			
15	平行度	0.02	超差不得分	4			
16	其他	表面粗糙度	超差不得分	5			
17		锐角倒钝	超差不得分	2			
18		去毛刺	超差不得分	3			
合计				70			

 总结与提高

1. 任务实施情况分析

任务完成后,学员根据任务实施情况,分析存在的问题及原因,并填写表 20-3。

指导老师对任务实施情况进行讲评。

表 20-3 底座零件加工任务实施情况分析表

任务实施过程	存在的问题	解决的办法
零件建模		
创建刀具路径		
后置处理		
机床操作		
加工工艺		
加工质量		
安全文明生产		

2. 总结

① 自动编程时，创建毛坯为了便于选择，最好是利用图层功能，将部件和毛坯放在不同的图层。

② 创建铣削操作时，注意一定要将几何体选项选择为设置完成后的 WORK-PEICE，不然后续实体仿真切削时系统将会提示没有可仿真的毛坯。

③ 平面铣粗加工轮廓时，切削模式如果使用跟随部件选项，一定要注意在切削参数的连接选项，开放刀路需要设置为变换切削方向，不然粗加工抬刀太多，影响加工效率。

④ 实际加工刀具安装时，刀具伸出刀套部分要尽量短，以提高刀具的加工刚性；同时夹紧刀具避免振刀。

⑤ 实际加工对刀时，为了不破坏原有毛坯面，可以选用寻边器进行对刀，Z 轴可选用标准棒对刀；切记对刀原点必须和自动编程刀路设置原点在同一位置，零件装夹方向也必须和刀路设置时摆放一致，不然自动生成的程序将无法正确加工出底座零件。

⑥ 零件首件切削必须单段运行程序，双手操作，及时调整加工参数。

⑦ 本任务提供的切削参数只是一个参考值，实际加工时应根据选用的设备、刀具的性能以及实际加工过程的情况及时修调。

3. 扩展实践训练零件图样二维码

模块 四

岗位拓展技能

任务二十一　数控铣削非圆公式曲线编程与加工

任务引入

📋 工作任务卡

任务编号	21	任务名称	凸球面零件数控铣削加工
设备型号	VMC650	工作区域	数控实训中心-数控铣削教学区
版本	V1	建议学时	12学时
参考文件		1+X数控车铣加工职业技能等级标准、华中数控系统操作说明书	
课程思政		1. 执行安全、文明生产规范,严格遵守车间制度和劳动纪律; 2. 着装规范(工作服、劳保鞋),不携带与生产无关的物品进入车间; 3. 实训现场工具、量具和刀具等相关物料的定制化管理; 4. 检查量具检定日期; 5. 严禁徒手清理铁屑,气枪严禁指向人; 6. 培养学生爱岗敬业、技术精湛、规范操作、敢于创新、精益求精的职业态度	

📝 笔记

工具/设备/材料:

类别	名称	规格型号	单位	数量
工具	机用虎钳		个	1
	虎钳扳手		把	1
	活动扳手		把	1
	铜棒		个	1
	等高垫铁		片	若干
	V型铁		个	1
	强力刀柄	BT40-C32	个	若干
	强力刀套		个	若干
	刀柄夹紧扳手		把	1
	加力杆		把	1
	毛刷		把	1
	卫生清洁工具		套	1
量具	钢直尺	0~300mm	把	1
	游标卡尺	0~200mm	把	1
刀具	直柄立铣刀	φ16	把	1
	直柄立铣刀	φ12	把	1
耗材	45钢			按图样

1. 工作任务

加工如图21-1所示零件,毛坯为50mm×50mm×40mm的方料,材料为45钢,毛坯六面均已经加工完成。

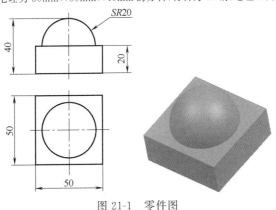

图21-1　零件图

续表

2. 工作准备
（1）技术资料：工作任务卡 1 份、教材、华中数控系统操作说明书。
（2）工作场地：有良好的照明、通风和消防设施等条件。
（3）工具、设备：按《工具和设备》栏目准备相关工具和设备。
（4）建议分组实施教学。每 2～3 人为一组，每组配备一台数控铣床。通过分组讨论完成零件的工艺分析及加工工艺方案设计，通过演示和操作训练完成零件的加工。
（5）劳动防护：穿戴劳保用品、工作服

宏程序的定义和宏变量的应用

？ 引导问题

① 球面铣削的加工工艺？
② 宏程序的定义？
③ FANUC 系统宏程序的变量及运算？
④ FANUC 系统宏变量的条件表达式？
⑤ FANUC 系统宏变量判断语句及循环语句？
⑥ 球面宏程序铣削应用？

 笔记

知识链接

1. 球面零件的铣削加工工艺

（1）球面零件铣削加工的走刀路线　球面加工一般采用分层铣削的方式，即利用一系列水平面截球面所形成的同心圆来完成走刀。在进刀控制上有从上向下进刀和从下向上进刀两种，一般使用从下向上进刀来完成加工，此时主要利用铣刀侧刃切削，表面质量较好，端刃磨损较小，同时切削力将刀具向欠切方向推，有利于控制加工尺寸。

（2）球面零件铣削走刀控制

① 进刀轨迹的处理　使用立铣刀加工，曲面加工是刀尖完成的，当刀尖沿圆弧运动时，其刀具中心运动轨迹也是一等径的圆弧，只是位置相差一个刀具半径，如图 21-2（a）所示。

对球头刀加工，曲面加工是球刃完成的，其刀具中心是球面的同心球面，半径相差一个刀具半径，如图 21-2（b）所示。

② 进刀点的计算　当采用等高方式逐层切削时，先根据允许的加工误差和表面粗糙度，确定合理的 Z 向进刀量，再根据给定加工深度 z，计算加工圆的半径，即：$r = \mathrm{sqrt}[R^2 - z^2]$，如图 21-2（c）所示。

当采用等角度方式逐层切削时，先根据允许的加工误差和表面粗糙度，确定两相邻进刀点相对球心的角度增量，再根据角度计算进刀点的 r 和 z 值，即 $z = R \times \sin\theta$，$r = R \times \cos\theta$，如图 21-2（c）所示。

2. 球面宏程序铣削应用

【例 21-1】　加工如图 21-3 所示凹球面零件，试编写出其精加工宏程序。

（1）球面的参数方程　如图 21-4 所示，选择球头铣刀加工凹球面，编程时选择球心作为刀位点，球面上任意球头刀中点 P 的参数方程为：

$$x = \#3 = (R - r) \times \sin\#1$$

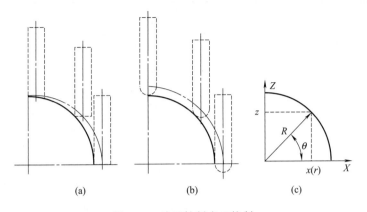

图 21-2 球面铣削走刀控制

铣削椭圆
宏程序编
程示例

📝 笔记

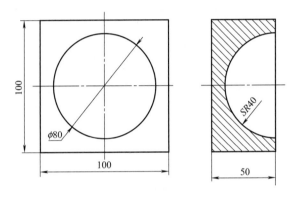

图 21-3 凹球面零件

$$z=\sharp 2=(R-r)\times\cos\sharp 1$$

（2）球面的加工路线 1→2→3，如图 21-4 所示。

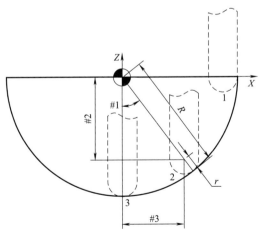

图 21-4 凹球面零件走刀控制

（3）参考程序 选择工件上表面中心为工件坐标系原点，刀具为 $\phi10mm$ 的球头铣刀（硬质合金）。参考程序见表 21-1。

表 21-1 凹球面精加工参考程序

程序	说明
O2101	程序名
N10 G54 G90 G17 G40 G80 G49 G21	设置初始状态
N20 M03 S3000	启动主轴
N30 G00 X0 Y0	回编程原点
N40 G00 Z50 M08	安全高度,打开冷却液
N50 ♯1＝90	初始角度
N60 ♯10＝0	终止角度
N70 ♯2＝35 * cos[♯1]	球心 Z 坐标
N80 ♯3＝35 * sin[♯1]	球心 X 坐标
N90 G00 Z10	快速下刀到参考高度
N100 WHILE［♯1 GE ♯10］D01	如果变量♯1大于等于♯10,循环1继续
N110 G01 X[♯3] F1000	移动 X 轴至下刀位置1
N120 G01 Z[♯2] F200	Z 轴下刀
N130 G03 X[♯3] Y0 I−[♯3]	走整圆,精加工球面
N140 ♯1＝♯1−0.5	变量♯1每次减少一个步长 0.5°
N150 ♯3＝35 * sin[♯1]	重新计算球心 X 坐标值
N160 ♯2＝35 * cos[♯1]	重新计算球心 Z 坐标值
N170 END1	循环1结束
N180 G00 Z100 M09	快速提刀,并关闭冷却液
N190 M05	主轴停
N200 M30	程序结束

 笔记

 制订工作计划

1. 确定任务零件粗、精加工刀具及走刀路线

（1）列出任务零件粗加工走刀路线：

（2）列出任务零件精加工走刀路线：

2. 确定任务零件粗、精加工宏程序编程的拟合方式变量名称以及变量的初始值和终止值（见表 21-2）

表 21-2 确定项目零件宏程序编程的拟合方式和变量

序号	加工工步内容	椭圆编程采用的拟合方式	变量名称	变量号	变量初始值	变量终止值
1						
2						
3						

3. 计算宏程序刀位点任意点的 X、Y、Z 坐标

根据已绘制的粗、精加工走刀路线和变量，计算任意位置刀位点的坐标值。

笔记

4. 编写零件加工程序

程序内容	程序说明

执行工作计划

序号	操作流程	工作内容	学习问题反馈
1	程序编制	粗加工和精加工宏程序的编制，复合循环中嵌套宏程序的注意事项	
2	程序校验	锁住机床。调出所需加工程序，在"图形校验"功能下，实现零件加工刀具运动轨迹的校验	
3	零件加工	运行程序，完成零件加工。选择单步运行，结合程序观察走刀路线和加工过程	
4	零件检测	用量具检测加工完成的零件	

 考核与评价

1. 职业素养考核

作为一门专业实践课，课程思政的考核重点是职业素养、操作规范和劳动教育，是贯穿整个课程的过程性考核，具体评价项目及标准见表21-3。

表21-3 职业素养考核评价标准

考核项目		考核内容	配分	扣分	得分
加工前准备	纪律	服从安排；场地清扫等。违反一项扣1分	2		
	安全生产	安全着装；按规程操作等。违反一项扣1分	2		
	职业规范	机床预热、按照标准进行设备点检。违反一项扣1分	4		
加工操作过程	打刀	每打一次刀扣2分	4		
	文明生产	工具、量具、刀具定制摆放、工作台面的整洁等。违反一项扣1分	4		
	违规操作	用砂布、锉刀修饰；锐边没倒钝，或倒钝尺寸太大等没按规定的操作行为，扣1～2分	4		
加工结束后设备保养	清洁、清扫	清理机床内部的铁屑，确保机床表面各位置的整洁，清扫机床周围的卫生，做好设备的保养。违反一项扣1分	4		
	整理、整顿	工具、量具的整理与定制管理。违反一项扣1分	2		
	素养	严格执行设备的日常点检工作。违反一项扣1分	4		
出现撞机床或工伤		出现撞机床或工伤事故整个测评成绩记0分			
合　　计			30		

2. 零件加工质量考核

具体评价项目及标准见表21-4。

表21-4 凸球面零件铣削加工项目评分标准及检测报告

序号	检测项目	检测内容	检测要求	配分	学员自评 自测尺寸	教师评价 检测结果	得分
1	轮廓尺寸（30分）	40	超差不得分	10			
2		20	超差不得分	10			
3		$SR20$	超差不得分	10			
4	球面（30分）	$SR20$球面	超差不得分	30			

笔记

续表

序号	检测项目	检测内容	检测要求	配分	学员自评	教师评价	
					自测尺寸	检测结果	得分
5	其他	倒角	超差不得分	5			
6	（10分）	去毛刺	超差不得分	5			
	合　计			70			

 ## 总结与提高

1. 任务实施情况分析

任务完成后，学员根据任务实施情况，分析存在的问题及原因，并填写表 21-5。指导老师对项目实施情况进行讲评。

总结与提高

表 21-5　凸球面零件铣削加工任务实施情况分析表

任务实施过程	存在的问题	解决的办法
机床操作		
加工程序		
加工工艺		
加工质量		
安全文明生产		

📝笔记

2. 总结

① 球面凸台加工前，一定要确定好加工刀具和粗精加工走刀路线，从而找出变量关系。

② 宏程序编程在计算刀位点的坐标值时，可以用两端极限数值带入法输入到关系式中进行计算来验证关系式的准确性。

③ 非圆公式曲线的 WHILE 循环语句使用时一定要注意不能让条件判别出现死循环。

④ 非圆公式曲线的 WHILE 循环语句使用有嵌套循环语句时，要注意不能出现交叉嵌套。

⑤ 非圆公式曲线的 WHILE 循环语句和 IF 条件语句的判别条件要注意起始位置、终止位置和自变量值（拟合线段长度）是否能够正好整除。

⑥ 非圆公式曲线的 WHILE 循环语句和 IF 条件语句的判别条件≥和＞，≤和＜选择要充分考虑拟合终点位置的计算。

数控车铣综合加工技能实训

学习
情境三

任务二十二　数控车铣配合零件编程与加工

工作任务卡

任务引入

笔记

任务编号	22	任务名称	数控车铣配合零件编程与加工
设备型号	CK6140i VMC650	工作区域	数控实训中心
版本	V1	建议学时	12学时
参考文件	1+X数控车铣加工职业技能等级标准、FANUC数控系统操作说明书		
课程思政	1. 执行安全、文明生产规范,严格遵守车间制度和劳动纪律; 2. 着装规范(工作服、劳保鞋),不携带与生产无关的物品进入车间; 3. 工量具和刀具定制管理; 4. 检查量具效验日期; 5. 严禁徒手清理铁屑,气枪严禁指向人; 6. 培养学生爱岗敬业、技术精湛、乐于奉献、精益求精的工匠精神		

工具/设备/材料:

类别	名称	规格型号	单位	数量
工具	卡盘扳手		把	1
	刀架扳手		把	1
	虎钳扳手		把	1
	胶木榔头		把	1
	等高块		片	若干
	加力杆			1
	内六角扳手		套	1
	活动扳手		把	1
	垫片		片	若干
	铁屑钩		把	1
	卫生清洁工具		套	1
量具	外径千分尺	25~50mm	把	1
	外径千分尺	50~75mm	把	1
	游标卡尺	0~150mm	把	1
	深度游标卡尺	0~150mm	把	1
	塞尺	0.02~3mm	套	1
	螺纹环规	M30X2-6g	套	1
	螺纹塞规	M30X2-6H	套	1
	内径百分表	18~35mm	套	1
刀具	90°外圆车刀		把	1
	螺纹车刀		把	1
	内螺纹车刀		把	1
	内孔车刀		把	1
	切断刀		把	1
	$\phi16$立铣	3刃,过中心	把	1
	$\phi3$中心钻		把	1
	$\phi8$钻头		把	1
耗材	45钢			按图样

226

1. 工作任务

　　如图 22-1 所示车铣配合零件，毛坯材料为 45 钢。选择合理的切削参数编写加工程序；根据实训车间现场提供的设备、毛坯、刀具、量具，要求按照单件生产设计该零件的数控加工工艺，完成零件的加工，并根据零件检测报告完成零件的尺寸检测。

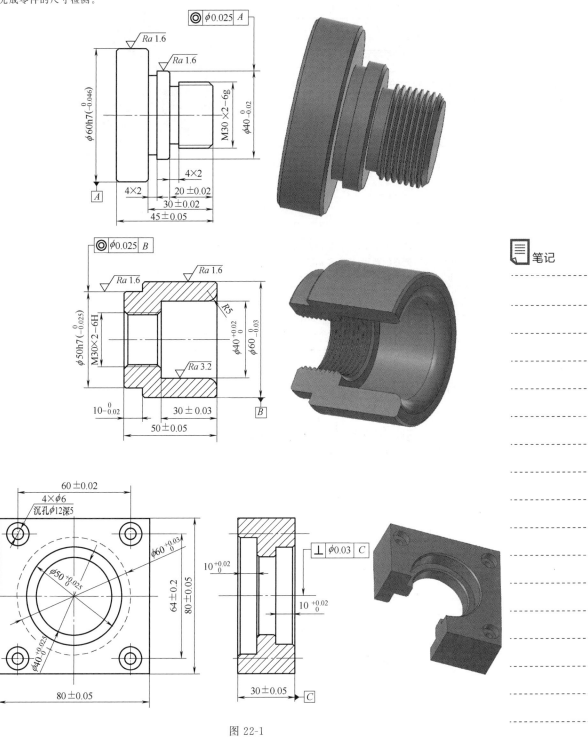

图 22-1

笔记

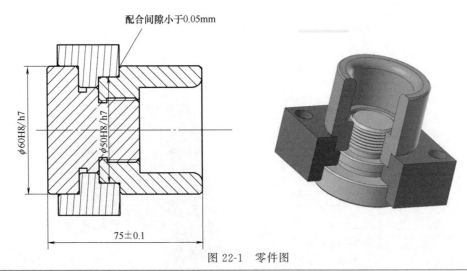

配合间隙小于0.05mm

$\phi 60H8/h7$

$\phi 50H8/h7$

75 ± 0.1

图 22-1　零件图

2. 工作准备

笔记

（1）技术资料：工作任务卡 1 份、教材、FANUC 数控系统操作说明书。

（2）工作场地：有良好的照明、通风和消防设施等条件。

（3）工具、设备：按《工具和设备》栏目准备相关工具和设备。

（4）建议分组实施教学。每 2～3 人为一组，每组配备一台数控车床、一台数控铣床。通过分组讨论完成零件的工艺分析及加工工艺方案设计，通过演示和操作训练完成零件的加工。

（5）劳动防护：穿戴劳保用品、工作服

引导问题

① 如何查询零件配合公差的极限偏差？

② 加工时如何处理零件装配尺寸？

知识链接

1. 认识公差与配合

如图 22-2 所示为孔与轴的两种结合形式。从图中可以看出来，二者的基本尺寸是相等的，相互结合的孔与轴公差带之间的关系，称为配合。

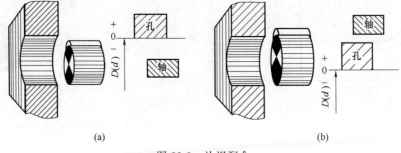

(a)　　　　　　　　　　　　(b)

图 22-2　认识配合

（1）典型配合形式　配合是指基本尺寸相同的，相互结合的孔与轴公差带之间的关系。在孔与轴的配合中，孔的尺寸减去轴的尺寸所得的代数差，其值为正值时称为间隙，其值为负值时称为过盈。

① 间隙配合　如图 22-3 所示间隙配合是指具有间隙（含最小间隙为零）的配合。此时孔的公差带位于轴的公差带之上，通常指孔大、轴小的配合。

认识配合
与公差

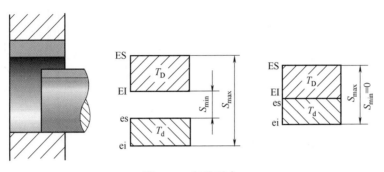

图 22-3　间隙配合

② 过盈配合　如图 22-4 所示，过盈配合是指具有过盈（含最小过盈为零）的配合。此时孔的公差位于轴公差带之下，通常是指孔小、轴大的配合。

笔记

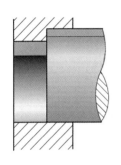
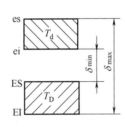
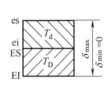

图 22-4　过盈配合

③ 过渡配合　如图 22-5 所示，过渡配合是指可能产生间隙或过盈的配合。此时孔、轴公差带相互交叠，是介于间隙配合与过盈配合之间的配合，但其间隙或过盈的数值都较小，一般来讲，过渡配合的工件精度都较高。

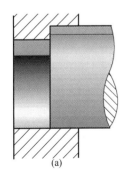
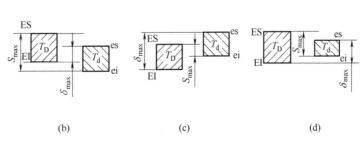

图 22-5　过渡配合

（2）互换性　在装配时从相同的零件中任取一个，不经挑选和修配就能装配到与其相配的机器上，并达到预期的配合性质，零件的这种特性即称为互换性。

（3）公差　为使零件具有互换性而将有配合要求的零件的尺寸限定在一个允许变动的范围，这一允许变动的范围即称为公差。

（4）公差与配合基本术语　如图 22-6 所示，零件图纸上标注的 $\phi 40 _{-0.025}^{0}$。

① 基本尺寸　设计时给定的尺寸。

例如：$\phi 40$

② 实际尺寸　制造后的实际尺寸。

例如：$\phi 39.98$

③ 极限尺寸　允许实际尺寸变化的极限值。

例如：最大极限尺寸 $\phi 40.000$

最小极限尺寸 $\phi 39.975$

④ 尺寸偏差　极限尺寸与基本尺寸之差值。

上偏差＝最大极限尺寸－基本尺寸

下偏差＝最小极限尺寸－基本尺寸

⑤ 尺寸公差　允许实际尺寸的变动量。

尺寸公差＝|最大极限尺寸－最小极限尺寸|

＝|上偏差－下偏差|

例如：$\phi 40 _{-0.25}^{0}$

尺寸公差 ＝ | 40 － 39.975 | ＝ | 0 － 0.025 | ＝0.025

⑥ 尺寸公差带　如图 22-7 所示，公差带由代表上、下偏差的两条直线所限定的区域来表示，通常用公差带图来表示。

⑦ 标准公差　如表 22-1 所示，"标准公差数值表"所列的用以确定公差带大小的任一公差，用 IT 作为标准公差代号。

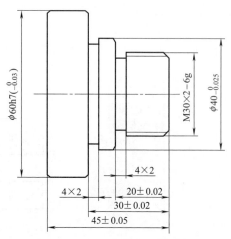

图 22-6　公差与配合基本术语

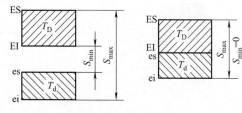

图 22-7　公差带图

笔记

表 22-1　常用尺寸标准公差数值表

基本尺寸/mm		公 差 等 级																		
大于	至	IT01	IT0	IT1	IT2	IT3	IT4	IT5	IT6	IT7	IT8	IT9	IT10	IT11	IT12	IT13	IT14	IT15	IT16	IT17	IT18
		μm													mm						
0	3	0.3	0.5	0.8	1.2	2	3	4	6	10	14	25	40	60	0.10	0.14	0.25	0.40	0.60	1.0	1.4
3	6	0.4	0.6	1	1.5	2.5	4	5	8	12	18	30	48	75	0.12	0.18	0.30	0.48	0.75	1.2	1.8
6	10	0.4	0.6	1	1.5	2.5	4	6	9	15	22	36	58	90	0.15	0.22	0.36	0.58	0.90	1.5	2.2
10	18	0.5	0.8	1.2	2	3	5	8	11	18	27	43	70	110	0.18	0.27	0.43	0.70	1.10	1.8	2.7
18	30	0.6	1	1.5	2.5	4	6	9	13	21	33	52	84	130	0.21	0.33	0.52	0.84	1.30	2.1	3.3
30	50	0.6	1	1.5	2.5	4	7	11	16	25	39	62	100	160	0.25	0.39	0.62	1.00	1.60	2.5	3.9
50	80	0.8	1.2	2	3	5	8	13	19	30	46	74	120	190	0.30	0.46	0.74	1.20	1.90	3.0	4.6
80	120	1	1.5	2.5	4	6	10	15	22	35	54	87	140	220	0.35	0.54	0.87	1.40	2.20	3.5	5.4
120	180	1.2	2	3.5	5	8	12	18	25	40	63	100	160	250	0.40	0.63	1.00	1.60	2.50	4.0	6.3

注：基本尺寸小于 1mm 时，无 IT14 至 IT18

⑧ 基本偏差　如图 22-8 所示，基本偏差是指靠近零线位置的那个偏差，由它确定公差带相对于零线的位置。

⑨ 基孔制　如图 22-9 所示，基孔制是基本偏差固定不变的孔公差带，与不同基本偏差的轴公差带形成各种配合的一种制度，基孔制是以孔为基准，它的下偏差为零，基准代号为"H"，基孔制优先常用配合见表 22-2。

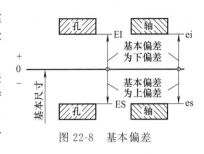

图 22-8　基本偏差

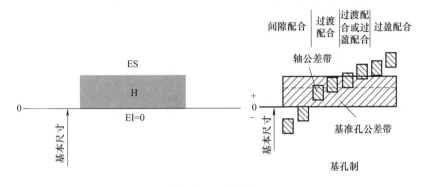

图 22-9　基孔制

表 22-2　基孔制优先常用配合

基准孔	轴																				
	a	b	c	d	e	f	g	h	js	k	m	n	p	r	s	t	u	v	x	y	z
	间　隙　配　合								过　渡　配　合				过　盈　配　合								
H6						$\frac{H6}{f5}$	$\frac{H6}{g5}$	$\frac{H6}{h5}$	$\frac{H6}{js5}$	$\frac{H6}{k5}$	$\frac{H6}{m5}$	$\frac{H6}{n5}$	$\frac{H6}{p5}$	$\frac{H6}{r5}$	$\frac{H6}{s5}$	$\frac{H6}{t5}$					
H7						▲ $\frac{H7}{f6}$	$\frac{H7}{g6}$	▲ $\frac{H7}{h6}$	$\frac{H7}{js6}$	▲ $\frac{H7}{k6}$	$\frac{H7}{m6}$	▲ $\frac{H7}{n6}$	▲ $\frac{H7}{p6}$	$\frac{H7}{r6}$	▲ $\frac{H7}{s6}$	$\frac{H7}{t6}$	▲ $\frac{H7}{u6}$	$\frac{H7}{v6}$	$\frac{H7}{x6}$	$\frac{H7}{y6}$	$\frac{H7}{z6}$
H8				$\frac{H8}{e7}$	▲ $\frac{H8}{f7}$	$\frac{H8}{g7}$	▲ $\frac{H8}{h7}$	$\frac{H8}{js7}$	$\frac{H8}{k7}$	$\frac{H8}{m7}$	$\frac{H8}{n7}$	$\frac{H8}{p7}$	$\frac{H8}{r7}$	$\frac{H8}{s7}$	$\frac{H8}{t7}$	$\frac{H8}{u7}$				
H8				$\frac{H8}{d8}$	$\frac{H8}{e8}$	$\frac{H8}{f8}$		$\frac{H8}{h8}$												
H9			$\frac{H9}{c9}$	▲ $\frac{H9}{d9}$	$\frac{H9}{e9}$	$\frac{H9}{f9}$		▲ $\frac{H9}{h9}$												
H10			$\frac{H10}{c10}$	$\frac{H10}{d10}$				$\frac{H10}{h10}$												
H11	$\frac{H11}{a11}$	$\frac{H11}{b11}$	▲ $\frac{H11}{c11}$	$\frac{H11}{d11}$				▲ $\frac{H11}{h11}$												
H12		$\frac{H12}{a12}$						$\frac{H12}{h12}$												

注：1. $\frac{H6}{n5}$、$\frac{H7}{p6}$ 在基本尺寸小于或等于 3mm 和 $\frac{H8}{r7}$ 在小于或等于 100mm 时，为过渡配合。

2. 标有"▲"的代号为优先配合。

⑩ 基轴制　如图 22-10 所示，基轴制是基本偏差固定不变的轴公差带，与不同基

本偏差的孔公差带形成各种配合的一种制度。基轴制以轴为基准，它的上偏差为零，基准轴的代号为"h"，基轴制优先常用配合见表 22-3。

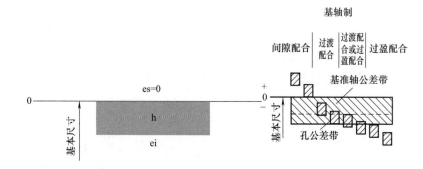

图 22-10　基轴制

表 22-3　基轴制优先常用配合

基准轴	孔																				
	A	B	C	D	E	F	G	H	JS	K	M	N	P	R	S	T	U	V	X	Y	Z
	间　隙　配　合								过　渡　配　合				过　盈　配　合								
h5						$\frac{F6}{h5}$	$\frac{G6}{h5}$	$\frac{H6}{h5}$	$\frac{JS6}{h5}$	$\frac{K6}{h5}$	$\frac{M6}{h5}$	$\frac{N6}{h5}$	$\frac{P6}{h5}$	$\frac{R6}{h5}$	$\frac{S6}{h5}$	$\frac{T6}{h5}$					
h6						$\frac{F7}{h6}$	▲$\frac{G7}{h6}$	▲$\frac{H7}{h6}$	$\frac{JS7}{h6}$	▲$\frac{K7}{h6}$	$\frac{M7}{h6}$	▲$\frac{N7}{h6}$	▲$\frac{P7}{h6}$	$\frac{R7}{h6}$	▲$\frac{S7}{h6}$	$\frac{T7}{h6}$	▲$\frac{U7}{h6}$				
h7					$\frac{E8}{h7}$	▲$\frac{F8}{h7}$		▲$\frac{H8}{h7}$	$\frac{JS8}{h7}$	$\frac{K8}{h7}$	$\frac{M8}{h7}$	$\frac{N8}{h7}$									
h8				$\frac{D8}{h8}$	$\frac{E8}{h8}$	$\frac{F8}{h8}$		$\frac{H8}{h8}$													
h9				▲$\frac{D9}{h9}$	$\frac{E9}{h9}$	$\frac{F9}{h9}$		▲$\frac{H9}{h9}$													
h10				$\frac{D10}{h10}$				$\frac{H10}{h10}$													
h11	$\frac{A11}{h11}$	$\frac{B11}{h11}$	▲$\frac{C11}{h11}$	$\frac{D11}{h11}$				▲$\frac{H11}{h11}$													
h12		$\frac{B12}{h12}$						$\frac{H12}{h12}$													

注：标有"▲"的代号为优先配合。

2. 加工时如何处理零件装配尺寸

为了保证加工完成的零件能够正常装配，在加工配合尺寸时，轴的尺寸尽量控制在往中间值靠下偏差，孔的尺寸尽量控制在往中间值靠上偏差。

制订工作计划

工艺规程文件制订

<table>
<tr><th colspan="10">机械加工工艺过程卡</th></tr>
<tr><td>零件名称</td><td></td><td>材料</td><td>45钢</td><td>零件图号</td><td colspan="5"></td></tr>
<tr><td>工序号</td><td>工种</td><td colspan="5">工序内容</td><td>夹具</td><td>设备名称</td><td>设备型号</td></tr>
<tr><td></td><td></td><td colspan="5"></td><td></td><td></td><td></td></tr>
<tr><td></td><td></td><td colspan="5"></td><td></td><td></td><td></td></tr>
<tr><td></td><td></td><td colspan="5"></td><td></td><td></td><td></td></tr>
<tr><td></td><td></td><td colspan="5"></td><td></td><td></td><td></td></tr>
<tr><td></td><td></td><td colspan="5"></td><td></td><td></td><td></td></tr>
<tr><td></td><td></td><td colspan="5"></td><td></td><td></td><td></td></tr>
<tr><td></td><td></td><td colspan="5"></td><td></td><td></td><td></td></tr>
<tr><td></td><td></td><td colspan="5"></td><td></td><td></td><td></td></tr>
<tr><td></td><td></td><td colspan="5"></td><td></td><td></td><td></td></tr>
<tr><td></td><td></td><td colspan="5"></td><td></td><td></td><td></td></tr>
<tr><td></td><td></td><td colspan="5"></td><td></td><td></td><td></td></tr>
<tr><td></td><td></td><td colspan="5"></td><td></td><td></td><td></td></tr>
<tr><td></td><td></td><td colspan="5"></td><td></td><td></td><td></td></tr>
<tr><td>编制</td><td></td><td>审核</td><td></td><td colspan="2">时间</td><td></td><td>第 页</td><td colspan="2">共 页</td></tr>
</table>

笔记

机械加工工序卡

零件名称		工序号		夹具名称	
设备名称		设备型号		材料名称		材料牌号	
程序编号							

工序简图(按装夹位置)

笔记

工步号	工步内容	切削用量			刀具		量具名称
		主轴转速 /(r/min)	进给速度 /(mm/r)	背吃刀量 /mm	名称及规格	刀号	

编制		审核		时间		第　页	共　页

机械加工工序卡

零件名称		工序号		夹具名称	
设备名称		设备型号		材料名称		材料牌号	
程序编号					

工序简图（按装夹位置）

工步号	工步内容	切削用量			刀具		量具名称
		主轴转速 /(r/min)	进给速度 /(mm/r)	背吃刀量 /mm	名称及规格	刀号	

编制		审核		时间		第　页		共　页	

笔记

机械加工工序卡

零件名称		工序号		夹具名称	
设备名称		设备型号		材料名称		材料牌号	

程序编号

工序简图(按装夹位置)

笔记

工步号	工步内容	切削用量			刀具		量具名称
		主轴转速 /(r/min)	进给速度 /(mm/r)	背吃刀量 /mm	名称及规格	刀号	

编制		审核		时间		第　页	共　页

机械加工工序卡

零件名称		工序号		夹具名称	

设备名称		设备型号		材料名称		材料牌号	

程序编号	

工序简图(按装夹位置)

工步号	工步内容	切削用量			刀具		量具名称
		主轴转速 /(r/min)	进给速度 /(mm/r)	背吃刀量 /mm	名称及规格	刀号	

编制		审核		时间		第　页	共　页

机械加工工序卡

零件名称		工序号		夹具名称	

设备名称		设备型号		材料名称		材料牌号	

程序编号	

工序简图（按装夹位置）

工步号	工步内容	切削用量			刀具		量具名称
		主轴转速/(r/min)	进给速度/(mm/min)	背吃刀量/mm	名称及规格	刀号	

编制		审核		时间		第　页		共　页

机械加工工序卡

零件名称		工序号		夹具名称	
设备名称		设备型号		材料名称		材料牌号	
程序编号					

工序简图(按装夹位置)

笔记

工步号	工步内容	切削用量			刀具		量具名称
		主轴转速 /(r/min)	进给速度 /(mm/r)	背吃刀量 /mm	名称及规格	刀号	

编制		审核		时间		第　页	共　页

机械加工刀具卡

机械加工刀具卡		工序号	程序编号	产品名称	零件名称	材料	零件图号
序号	刀具号	刀具名称及规格		刀具材料		加工的表面	
编制		审核			第　页		共　页

执行工作计划

序号	操作流程	工作内容	学习问题反馈
1	制订零件的加工工艺规程	制订零件的加工工艺路线,合理安排加工工序,确定各工序的加工内容、刀具的选用以及切削参数的计算选取	
2	零件程序编制	根据设计的加工工艺规程和每道工序的加工内容,确定每个工序的尺寸,特别要注意配合公差的尺寸处理与编程	
3	零件加工	完成零件加工	
4	零件检测	用量具检测加工完成的零件,特别注意配合尺寸公差的检测	

考核与评价

1. 职业素养考核

作为一门专业实践课,课程思政的考核重点是职业素养、操作规范和劳动教育,是贯穿整个课程的过程性考核,具体评价项目及标准见表22-4。

表 22-4　职业素养考核评价标准

考核项目		考核内容	配分	扣分	得分
加工前准备	纪律	服从安排;场地清扫等。违反一项扣1分	2		
	安全生产	安全着装;按规程操作等。违反一项扣1分	2		
	职业规范	机床预热、按照标准进行设备点检。违反一项扣1分	4		

续表

考核项目		考核内容	配分	扣分	得分
加工操作过程	打刀	每打一次刀扣2分	4		
	文明生产	工具、量具、刀具定制摆放、工作台面的整洁等。违反一项扣1分	4		
	违规操作	用砂布、锉刀修饰，锐边没倒钝，或倒钝尺寸太大等没按规定的操作行为，扣1~2分	4		
加工结束后设备保养	清洁、清扫	清理机床内部的铁屑，确保机床表面各位置的整洁，清扫机床周围的卫生，做好设备的保养。违反一项扣1分	4		
	整理、整顿	工具、量具的整理与定制管理。违反一项扣1分	2		
	素养	严格执行设备的日常点检工作。违反一项扣1分	4		
出现撞机床或工伤		出现撞机床或工伤事故整个测评成绩记0分			
合　计			30		

2. 零件加工质量考核

具体评价项目及标准见表22-5～表22-8。

表22-5　车铣配合零件1加工项目评分标准及检测报告

笔记

序号	检测项目	检测内容	检测要求	配分	学员自评 自测尺寸	教师评价 检测结果	得分
1	外轮廓尺寸	$\phi60_{-0.03}^{0}$	超差不得分	2			
2		$\phi40_{-0.02}^{0}$	超差不得分	2			
3	长度尺寸	45±0.05	超差不得分	2			
4		30±0.02	超差不得分	2			
5		20±0.02	超差不得分	2			
6	槽	2处4×2槽	超差不得分	2			
7	螺纹	M30×2-6g	超差不得分	4			
8	同轴度	0.025	超差不得分	2			
9	其他	表面粗糙度	超差不得分	1			
10		锐角倒钝	超差不得分	0.5			
11		去毛刺	超差不得分	0.5			
合　计				20			

表22-6　车铣配合零件2加工项目评分标准及检测报告

序号	检测项目	检测内容	检测要求	配分	学员自评 自测尺寸	教师评价 检测结果	得分
1	外轮廓尺寸	$\phi60_{-0.03}^{0}$	超差不得分	2			
2		$\phi50_{-0.03}^{0}$	超差不得分	2			
3	内孔轮廓尺寸	$\phi40_{0}^{+0.02}$	超差不得分	2			
4	长度尺寸	50±0.05	超差不得分	2			
5		$10_{-0.02}^{0}$	超差不得分	2			
6		30±0.03	超差不得分	2			
7	螺纹	M30×2-6H	超差不得分	4			
8	同轴度	0.025	超差不得分	2			
9	其他	表面粗糙度	超差不得分	1			
10		锐角倒钝	超差不得分	0.5			
11		去毛刺	超差不得分	0.5			
合　计				20			

总结与提高

表 22-7　车铣配合零件 3 加工项目评分标准及检测报告

序号	检测项目	检测内容	检测要求	配分	学员自评	教师评价	
					自测尺寸	检测结果	得分
1	外形尺寸	80±0.05	超差不得分	1			
2		30±0.05	超差不得分	1			
3	内孔尺寸	$\phi40^{+0.025}_{0}$	超差不得分	4			
4		$\phi50^{+0.025}_{0}$	超差不得分	4			
5		$\phi60^{+0.03}_{0}$	超差不得分	2			
6		2 处 $10^{+0.02}_{0}$	超差不得分	2			
7	沉孔	$4\times\phi6$ 沉孔 $\phi12$ 深 5	超差不得分	4			
8		孔距 60±0.02	超差不得分	2			
9	垂直度	0.03	超差不得分	2			
10	其他	表面粗糙度	超差不得分	1			
11		锐角倒钝	超差不得分	0.5			
12		去毛刺	超差不得分	0.5			
		合　计		24			

表 22-8　车铣配合零件配合尺寸项目评分标准及检测报告

序号	检测项目	检测内容	检测要求	配分	学员自评	教师评价	
					自测尺寸	检测结果	得分
1	外形尺寸	75±0.1	超差不得分	3			
2		配合间隙小于 0.05	超差不得分	3			
		合　计		6			

笔记

 ## 总结与提高

1. 任务实施情况分析

　　任务完成后，学员根据任务实施情况，分析存在的问题及原因，并填写表 22-9。指导老师对任务实施情况进行讲评。

表 22-9　车铣配合零件加工任务实施情况分析表

任务实施过程	存在的问题	解决的办法
机床操作		
加工程序		
加工工艺		
加工质量		
安全文明生产		

2. 总结

① 底座零件上 $\phi60$ 和 $\phi50$ 的孔正好是配合尺寸，在翻面加工时要以 $\phi50$ 的孔为基准打表校正工件。

② 要注意控制孔轴的配合尺寸的公差。

③ 注意各零件凸起部分的倒角要比凹进去部分的倒角要大。

④ 配合间隙可以通过塞尺检测。

⑤ 如果车削工件有锥面配合，需要用到刀尖圆弧补偿功能。

3. 扩展实践训练零件图样二维码

笔记

- - - - - - - - - - - - - - -

- - - - - - - - - - - - - - -

- - - - - - - - - - - - - - -

- - - - - - - - - - - - - - -

- - - - - - - - - - - - - - -

- - - - - - - - - - - - - - -

- - - - - - - - - - - - - - -

- - - - - - - - - - - - - - -

- - - - - - - - - - - - - - -

- - - - - - - - - - - - - - -

- - - - - - - - - - - - - - -

- - - - - - - - - - - - - - -

- - - - - - - - - - - - - - -

- - - - - - - - - - - - - - -

- - - - - - - - - - - - - - -

- - - - - - - - - - - - - - -

任务二十三　数控车铣复合零件编程与加工

工作任务卡

任务编号	23	任务名称	数控车铣复合零件编程与加工
设备型号	CK6140i VMC650	工作区域	数控实训中心-数控车削教学区
版本	V1	建议学时	12 学时
参考文件	1＋X 数控车铣加工职业技能等级标准、FANUC 数控系统操作说明书		
课程思政	1. 执行安全、文明生产规范,严格遵守车间制度和劳动纪律; 2. 着装规范(工作服、劳保鞋),不携带与生产无关的物品进入车间; 3. 实训现场工具、量具和刀具等相关物料的定制化管理; 4. 检查量具检定日期; 5. 严禁徒手清理铁屑,气枪严禁指向人; 6. 培养学生爱岗敬业、技术精湛、敢于创新、精益求精的工匠精神		

工具/设备/材料:

类别	名称	规格型号	单位	数量
工具	卡盘扳手		把	1
	刀架扳手		把	1
	虎钳扳手		把	1
	胶木榔头		把	1
	等高块		片	若干
	加力杆		把	1
	内六角扳手		套	1
	活动扳手		把	1
	垫片		片	若干
	铁屑钩		把	1
	卫生清洁工具		套	1
量具	外径千分尺	25～50mm	把	1
	外径千分尺	50～75mm	把	1
	游标卡尺	0～150mm	把	1
	深度游标卡尺	0～150mm	把	1
	内径百分表	18～35mm	套	1
刀具	90°外圆车刀		把	1
	螺纹车刀		把	1
	内孔车刀		把	1
	切断刀		把	1
	ϕ16 立铣	3 刃,过中心	把	1
	ϕ3 中心钻		把	1
	ϕ8 钻头		把	1
耗材	45 钢			按图样

1. 工作任务

如图 23-1 所示车铣复合零件,毛坯材料为 45 钢。选择合理的切削参数,编写加工程序,根据实训车间现场提供的设备、毛坯、刀具和工量具,按照单件生产的要求设计该零件的数控加工工艺,完成零件的加工,并根据零件精度检测报告完成零件的尺寸检测。

笔记

续表

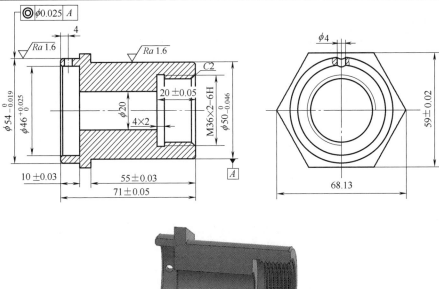

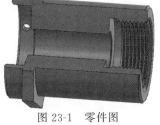

图 23-1　零件图

2. 工作准备

（1）技术资料：工作任务卡 1 份、教材、FANUC 数控系统操作说明书。

（2）工作场地：有良好的照明、通风和消防设施等条件。

（3）工具、设备：按《工具和设备》栏目准备相关工具和设备。

（4）建议分组实施教学。每 2～3 人为一组，每组配备一台数控车床、一台数控铣床。通过分组讨论完成零件的工艺分析及加工工艺方案设计，通过演示和操作训练完成零件的加工。

（5）劳动防护：穿戴劳保用品、工作服

？ 引导问题

① 车铣复合类零件的工装夹具如何选择？

② 车铣复合类零件如何安排车削和铣削部分的加工工艺顺序？

🌐 知识链接

1. 机床夹具基础知识

夹具最早出现在 18 世纪后期。随着科学技术的不断进步，夹具已从一种辅助工具发展成为门类齐全的工艺装备。

国际生产研究协会的统计表明，目前中、小批多品种生产的工件品种已占工件种类总数的 85% 左右。现代生产要求企业所制造的产品品种经常更新换代，以适应市场的需求与竞争。然而，一般企业都仍习惯于大量采用传统的专用夹具，一般在具有中等生产能力的工厂里，约拥有数千甚至近万套专用夹具；另一方面，在多品种生产的

笔记

245

企业中，每隔3～4年就要更新50％～80％专用夹具，而夹具的实际磨损量仅为10％～20％。

特别是近年来，数控机床、加工中心、成组技术、柔性制造系统（FMS）等新加工技术的应用，对机床夹具提出了如下新的要求：

① 能迅速而方便地装备新产品的投产，以缩短生产准备周期，降低生产成本；

② 能装夹一组具有相似性特征的工件；

③ 能适用于精密加工的高精度机床夹具；

④ 能适用于各种现代化制造技术的新型机床夹具；

⑤ 采用以液压站等为动力源的高效夹紧装置，以进一步减轻劳动强度和提高劳动生产率；

⑥ 提高机床夹具的标准化程度。

2. 机床夹具的发展方向

现代机床夹具的发展方向主要表现为标准化、精密化、高效化和柔性化四个方面。

（1）标准化　机床夹具的标准化与通用化是相互联系的两个方面。目前我国已有夹具零件及部件的国家标准以及各类通用夹具、组合夹具标准等。机床夹具的标准化，有利于夹具的商品化生产，有利于缩短生产准备周期，降低生产总成本。

（2）精密化　随着机械产品精度的日益提高，势必相应提高了对夹具的精度要求。精密化夹具的结构类型很多，例如用于精密分度的多齿盘，其分度精度可达$\pm 0.1''$；用于精密车削的高精度三爪自定心卡盘，其定心精度为$5\mu m$。

（3）高效化　高效化夹具主要用来减少工件加工的基本时间和辅助时间，以提高劳动生产率，减轻工人的劳动强度。常见的高效化夹具有自动化夹具、高速化夹具和具有夹紧力装置的夹具等。

（4）柔性化　机床夹具的柔性化与机床的柔性化相似，它是指机床夹具通过调整、组合等方式，以适应工艺可变因素的能力。工艺的可变因素主要有工序特征、生产批量、工件的形状和尺寸等。具有柔性化特征的新型夹具种类主要有组合夹具、通用可调夹具、成组夹具、模块化夹具、数控夹具等。

3. 工装、机床夹具、刀具、工辅具、检具、治具

工装：工艺装备，指制造过程中所用的各种工具的总称，包括刀具、夹具、模具、量具、检具、辅具、工位器具等，工装分为专用工装、通用工装、标准工装（类似于标准件）。

机床夹具：是指依加工要求装夹工件，使之在加工中始终保持其正确位置的机床附属装置。

刀具：机械制造中使用的刀具基本上都用于切削金属材料，所以"刀具"一词一般就理解为金属切削刀具。

工辅具：固定刀具如钻夹头、刀架扳手，装夹工件的扳手等。

检具：生产中检验所用的器具。

治具：制造用器具，有时与工装同义，有时也指夹具，一般韩资、日资等电子企业多用该词。

4. 机床夹具的定义

用于装夹工件的工艺装备就称为机床夹具，也就是说在机床上用以确定工件的位置（定位），并可靠而迅速地将工件夹紧的机床附加装置被称为机床夹具（夹紧）。

定位：在机床上加工工件时，为了在工件的某一部位加工出符合工艺规程要求的

表面，在加工前需要使工件在机床上占有正确的位置。

夹紧：由于在加工过程中受到切削力、重力、振动、离心力、惯性力等作用，所以还应采用一定的机构，将工件在加工时保持在原先确定的位置上。

5. 机床夹具的作用

① 保证加工质量。

② 提高生产率，降低成本。

③ 扩大机床工艺范围。

④ 减轻工人劳动强度，保证生产安全，质量保证，效率提高。

6. 机床夹具的分类

① 按使用范围分：通用夹具、专用夹具、组合夹具、成组夹具、随行夹具。

② 按机床分类：车床夹具、铣床夹具、钻床夹具、磨床夹具、数控机床夹具。

③ 按动力源分类：手动夹紧、气动夹紧、液动夹紧、电磁夹紧、真空夹紧。

7. 工件装夹找正的方法

工件装夹和找正的方法有直接找正法（如图 23-2、图 23-3 所示）、划线找正法和专用夹具找正法（如图 23-4 所示）。

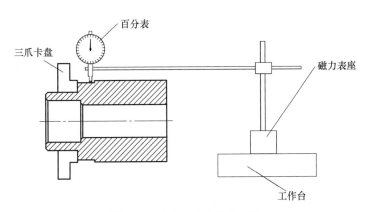

图 23-2　车床工件直接找正法

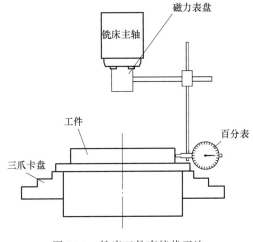

图 23-3　铣床工件直接找正法

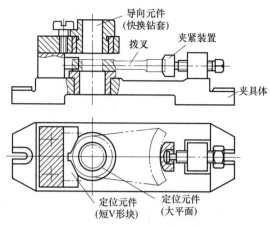

图 23-4 专用夹具找正法

各种装夹找正方法的优缺点比较如表 23-1 所示。

表 23-1 各种装夹方法比较

项目	直接找正	划线找正	专用夹具找正
夹具类型	通用夹具		专用夹具或通用夹具改造
生产率、成本	费时、成本较高、划线找正更加费时		迅速方便、成本低
定位精度	取决于量仪精度、工人技术水平、操作方法是否正确		精度较高且稳定
	一般不高,使用高精度量仪、技术高的也可以达到较高精度	还与划线的粗细和精度等有关	
适用零件类型	形状简单、加工面少	形状复杂、加工面多、位置要求不高的大零件	适用各种类型零件
生成批量	单件小批量		大批量

笔记

8. 任务零件图纸分析

本任务零件为六方套零件,包括回转体套类轮廓,中间一个六方及在 $\phi54$ 的圆柱的径向上有一个 $\phi4$ 的孔的加工。结合零件形状,本任务采用车削中心加工该零件。

9. 任务零件加工工艺分析

根据零件图纸的加工要求,确定各表面的加工方案如下:

六方套右端外轮廓:粗车 $\phi50$ 的圆柱面留 0.5mm 的精加工余量→精车 $\phi50$ 的圆柱面保证尺寸精度要求。

六方套右端内螺纹:粗精车 M36×2 内螺纹的底孔和倒角→用内螺纹车刀加工螺纹达到图纸要求。

调头夹持 $\phi50$ 的圆柱面,注意保护工件表面和夹持力大小,打表校正工件。

平端面:保证零件的总长度尺寸 71±0.05。

六方套左端外轮廓:粗车 $\phi54$ 的圆柱面和 $\phi70$(六方粗车)留 0.5mm 的精加工余量→精车 $\phi54$ 的圆柱面和 $\phi70$(六方粗车)保证尺寸精度要求。

六方套左端内轮廓:粗、精车六方套左端内轮廓保证尺寸精度要求。

六方铣削:粗铣→精铣。

钻孔:钻削 $\phi4$ 的孔。

10. 确定装夹方案

工件毛坯是圆棒料,零件的主体结构是回转体,可用三爪自定心卡盘或者 V 形块装夹。

制订工作计划

工艺规程文件制订

机械加工工艺过程卡								
零件名称		材料	45钢	零件图号				
工序号	工种	工序内容				夹具	设备名称	设备型号
编制		审核		时间		第　页		共　页

笔记

机械加工工序卡

零件名称		工序号		夹具名称	

设备名称		设备型号		材料名称		材料牌号	

程序编号	

工序简图(按装夹位置)

笔记

工步号	工步内容	切削用量			刀具		量具名称
		主轴转速 /(r/min)	进给速度 /(mm/r)	背吃刀量 /mm	名称及规格	刀号	

编制		审核		时间		第　页	共　页

机械加工工序卡

零件名称		工序号		夹具名称	

设备名称		设备型号		材料名称		材料牌号	

程序编号	

工序简图(按装夹位置)

笔记

工步号	工步内容	切削用量			刀具		量具名称
		主轴转速 /(r/min)	进给速度 /(mm/r)	背吃刀量 /mm	名称及规格	刀号	

编制		审核		时间		第　页		共　页	

机械加工工序卡

零件名称		工序号		夹具名称	

设备名称		设备型号		材料名称		材料牌号	

程序编号	

工序简图（按装夹位置）

笔记

工步号	工步内容	切削用量			刀具		量具名称
		主轴转速 /(r/min)	进给速度 /(mm/min)	背吃刀量 /mm	名称及规格	刀号	

编制		审核		时间		第　页		共　页

机械加工工序卡

零件名称		工序号		夹具名称	

设备名称		设备型号		材料名称		材料牌号	

程序编号	

工序简图（按装夹位置）

工步号	工步内容	切削用量			刀具		量具名称
		主轴转速 /(r/min)	进给速度 /(mm/min)	背吃刀量 /mm	名称及规格	刀号	

编制		审核		时间		第　页	共　页

机械加工刀具卡

机械加工刀具卡		工序号	程序编号	产品名称	零件名称	材料	零件图号
序号	刀具号	刀具名称及规格		刀具材料		加工的表面	
编制		审核			第　页	共　页	

 笔记

执行工作计划

序号	操作流程	工作内容	学习问题反馈
1	制定零件的加工工艺规程	制订零件的加工工艺路线,合理安排加工工序,确定各工序的加工内容、刀具的选用以及切削参数的计算选取	
2	零件程序编制	根据设计的加工工艺规程和每道工序的加工内容,确定每个工序的尺寸	
3	零件加工	完成零件加工	
4	零件检测	用量具检测加工完成的零件	

考核与评价

1. 职业素养考核

作为一门专业实践课,课程思政的考核重点是职业素养、操作规范和劳动教育,是贯穿整个课程的过程性考核,具体评价项目及标准见表23-2。

表23-2　职业素养考核评价标准

考核项目		考核内容	配分	扣分	得分
加工前准备	纪律	服从安排;场地清扫等。违反一项扣1分	2		
	安全生产	安全着装;按规程操作等。违反一项扣1分	2		
	职业规范	机床预热、按照标准进行设备点检。违反一项扣1分	4		
加工操作过程	打刀	每打一次刀扣2分	4		
	文明生产	工具、量具、刀具定制摆放,工作台面的整洁等。违反一项扣1分	4		
	违规操作	用砂布、锉刀修饰;锐边没倒钝,或倒钝尺寸太大等没按规定的操作行为,扣1~2分	4		

续表

考核项目		考核内容	配分	扣分	得分
加工结束后设备保养	清洁、清扫	清理机床内部的铁屑,确保机床表面各位置的整洁,清扫机床周围的卫生,做好设备的保养。违反一项扣1分	4		
	整理、整顿	工具、量具的整理与定制管理。违反一项扣1分	2		
	素养	严格执行设备的日常点检工作。违反一项扣1分	4		
出现撞机床或工伤		出现撞机床或工伤事故整个测评成绩记0分			
合　计			30		

2. 零件加工质量考核

具体评价项目及标准见表23-3。

表 23-3　车铣复合零件加工项目评分标准及检测报告

序号	检测项目	检测内容	检测要求	配分	学员自评	教师评价	
					自测尺寸	检测结果	得分
1	外形轮廓尺寸	$\phi 54_{-0.019}^{0}$	超差不得分	5			
2		$\phi 50_{-0.046}^{0}$	超差不得分	5			
3	内孔尺寸	$\phi 46_{0}^{+0.025}$	超差不得分	5			
4		$\phi 20$	超差不得分	2			
5	槽	4×2	超差不得分	2			
6	螺纹	M36×2-6H	超差不得分	5			
7	长度尺寸	71±0.05	超差不得分	5			
8		10±0.03	超差不得分	5			
9		55±0.03	超差不得分	5			
10		20±0.05	超差不得分	5			
11	六方尺寸	59±0.02	超差不得分	5			
12	孔	$\phi 4$	超差不得分	5			
13		孔距4mm	超差不得分	2			
14	同轴度公差	$\phi 0.025$	超差不得分	5			
15	其他	表面粗糙度	超差不得分	5			
16		锐角倒钝	超差不得分	2			
17		去毛刺	超差不得分	2			
合　计				70			

 笔记

💡 总结与提高

1. 任务实施情况分析

任务完成后,学员根据任务实施情况,分析存在的问题及原因,并填写表23-4。指导老师对任务实施情况进行讲评。

表 23-4　车铣复合零件加工任务实施情况分析表

任务实施过程	存在的问题	解决的办法
机床操作		

续表

任务实施过程	存在的问题	解决的办法
加工程序		
加工工艺		
加工质量		
安全文明生产		

2. 总结

① 工件装夹长度要合适，尤其是掉头后，要进行铣削和径向钻孔部分的加工，铣刀刀柄较大，容易与卡盘产生干涉。

② 零件掉头后为了保证零件的同轴度公差，应打表校正工件。

③ 钻孔时切削力较大，应该用 V 形块定位，并打表找正确保孔与六方的边垂直。

④ 本文提供的切削参数只是一个参考值，实际加工时应根据选用的设备、刀具的性能以及实际加工过程的情况及时修调。

笔记

3. 扩展实践训练零件图样二维码

参 考 文 献

[1] 吴拓. 机械制造工艺与机床夹具课程设计指导. 3版. [M]. 北京：机械工业出版社，2016.

[2] 杨丰，邓元山等. 数控加工工艺与编程. 2版. [M]. 北京：国防工业出版社，2020.

[3] 杨建明. 数控加工工艺与编程. 3版. [M]. 北京：北京理工大学出版社，2014.

[4] 杨琳. 数控车床加工工艺与编程. [M]. 北京：中国劳动社会保障出版社，2005.

[5] 林岩. 数控车工技能实训. [M]. 北京：化学工业出版社，2007.

[6] 杨建明. FANUC系统数控车床培训教程. [M]. 北京：北京理工大学出版社，2006.

[7] 徐衡. FANUC系统数控铣床和加工中心培训教程. [M]. 北京：化学工业出版社，2006.

[8] 刘万菊. 数控加工工艺与编程. [M]. 北京：机械工业出版社，2014.

[9] 徐宏海. 数控机床刀具及其应用. [M]. 北京：化学工业出版社，2005.

[10] 陈海舟. 数控铣削加工宏程序及应用实例. [M]. 北京：机械工业出版社，2006.

[11] 冯志刚. 数控宏程序编程方法、技巧与实例. [M]. 北京：机械工业出版社，2007.

笔记